本书为国家自然科学基金青年项目"技术标准联盟的知识协同与标准实施效益研究：网络结构特征的视角"（71603246）的阶段性成果。

技术标准联盟的知识协同研究

理论与案例

Research on Knowledge Synergy in Technology Standard Alliance

Theories and Cases

余 晓 刘文婷 著

上海交通大学出版社
SHANGHAI JIAO TONG UNIVERSITY PRESS

内容提要

本书聚焦于解决"技术标准联盟的知识协同对标准实施效益的作用关系"这一问题,结合合作竞争、知识管理和协同学的理论,运用文献研究、企业访谈和实证研究等方法,层层解析"技术标准联盟的知识协同过程机理"和"技术标准联盟的知识协同对标准实施绩效的影响路径"等理论问题。采用多案例研究的方法,通过对比分析,探索不同类型技术标准联盟的知识协同特点,为技术标准联盟的知识协同发展提供依据,为团体标准的实施提供建议,从而更好地推动我国以市场为主导的标准化管理体制的运行。

本书适合从事科技政策尤其是标准政策研究的学者、企业标准化从业人员和政府标准化管理部门的相关人员阅读。

图书在版编目(CIP)数据

技术标准联盟的知识协同研究：理论与案例/ 余晓,
刘文婷著. —上海：上海交通大学出版社,2020
ISBN 978 - 7 - 313 - 23607 - 4

Ⅰ. ①技… Ⅱ. ①余… ②刘… Ⅲ. ①技术标准-组
织管理-知识管理-研究 Ⅳ. ①G307 - 29

中国版本图书馆 CIP 数据核字(2020)第 144966 号

技术标准联盟的知识协同研究：理论与案例
JISHU BIAOZHUN LIANMENG DE ZHISHI XIETONG YANJIU：LILUN YU ANLI

著 者：余 晓 刘文婷			
出版发行：上海交通大学出版社	地 址：上海市番禺路 951 号		
邮政编码：200030	电 话：021 - 64071208		
印 制：上海天地海设计印刷有限公司	经 销：全国新华书店		
开 本：710 mm×1000 mm 1/16	印 张：13.75		
字 数：236 千字			
版 次：2020 年 10 月第 1 版	印 次：2020 年 10 月第 1 次印刷		
书 号：ISBN 978 - 7 - 313 - 23607 - 4			
定 价：78.00 元			

前　言

习近平总书记在 2016 年召开的第 39 届 ISO 大会贺信中提到："中国将积极实施标准化战略,以标准助力创新发展、协调发展、绿色发展、开放发展、共享发展。"由此可见,标准已经成为国家治理的重要手段。随着经济全球化的不断推进,标准作为技术与制度工具在全球市场竞争中的作用也日益显著,企业若能主导制定标准则意味着在竞争中就能掌握主动权。但是,技术的日益复杂和更新速度的加快使得单个企业很难靠自身力量取得标准竞争的成功。技术标准联盟制定的联盟(团体)标准由于互借资源、共同开发,大大缩短了技术和产品进入市场的时间,加快了占领市场的速度,并且有助于形成技术的扩散效应、创造较高的市场需求,成为企业参与技术标准竞争的重要途径。

技术标准联盟作为一个开放的创新组织,其内部成员之间的知识协同程度对组织成员的创新绩效有着重要的影响。标准的制定和市场化是技术标准联盟存在的根本,标准实施效益是技术标准联盟极为重要的评价指标。相比较于其他战略联盟,技术标准联盟不仅具有自身的特质,并且在知识协同的方式和机理上同样存在特殊性。科学地剖析技术标准联盟的知识协同对标准实施效益的影响,对于进一步促进技术标准联盟的发展具有重要意义。

本书通过对国内外学者在技术标准联盟领域的相关研究成果的梳理,聚焦解决"技术标准联盟的知识协同对标准实施效益的作用关系"这一问题,结合合作竞争、知识管理和协同学的理论,运用文献研究、企业访谈和实证研究等方法,层层解析"技术标准联盟的知识协同过程机理"和"技术标准联盟的知识协同对标准实施绩效的影响路径"等问题。根据政府在技术标准联盟的标准化活动中的参与程度,将技术标准联盟分为"偏市场型""完全市场型"和"偏政府型"三种类型,采用多案例研究的方法,通过对比分析,探索不同类型技术标准联盟的知识协同特点,从而为技术标准联盟的知识协同发展提供依据,为团体标准更好地实施提供建议,并积极推动技术标准联盟和团体标准的发展。

本书一共分为七章,基本思想脉络是"从基础态势出发——经过机理的剖析——基于实际案例——构建微观机制并提出对策建议"。整体结构体系如下:

第一章,绪论。叙述了本书的研究背景和研究意义,梳理了技术标准联盟、知识协同和标准实施效益的文献,总结了其研究现状,介绍了研究内容,明确了研究方法和技术路线,提出了本书的创新点。

第二章,相关理论。介绍了合作竞争理论、知识管理理论和协同学理论,为技术标准联盟的知识协同研究进行理论铺垫,提供相应的理论依据。

第三章,技术标准联盟的知识协同模型构建与关系假设。结合相关理论和概念,对技术标准联盟的知识协同过程进行了分析,并在此基础上,构建了技术标准联盟的知识协同对标准实施效益的模型;同时,对相关变量的内涵进行了界定,并提出了关系假设。

第四章,研究方法设计。介绍了研究所采用的具体方法,进行了量表开发,设计了问卷,通过预调查确定了正式问卷,对样本数据进行了初步统计。

第五章,模型验证与结果讨论。对调查数据进行了描述性分析,检验了信效度,使用 SPSS 进行了相关性分析,构建结构方程模型,运用 SmartPLS 进行模型拟合与评价,使用路径分析检验了关系假设,并对验证结果进行讨论。

第六章,案例分析。通过对知识协同的影响因素的文献梳理以及标准化宏观管理体制的分析,根据政府在技术标准联盟的标准化活动中的参与程度,将技术标准联盟的类型分为偏市场型联盟、完全市场型联盟和偏政府型联盟,并选取欧洲电信标准协会(European Telecommunications Standards Institute,ETSI)作为偏市场型联盟的案例样本,美国材料与试验协会(American Society for Testing and Materials,ASTM)作为完全市场型联盟的案例样本,浙江省品牌建设联合会作为偏政府型联盟的案例样本,采用多案例研究的方法,通过对比分析,探索不同类型技术标准联盟内部的知识协同特点以及主要影响因素。

　　第七章,基于本研究的结论和技术标准联盟的发展现状,对我国市场主导的标准化运作机制提出了治理的建议。

　　本书是作者主持的国家自然科学基金"技术标准联盟的知识协同与标准实施效益研究:网络结构特征的视角"的阶段性研究成果,希望能够通过此研究,对我国市场化的技术标准制定组织有一个相对全面的了解,对其组织内部知识管理的内在机理有一个较为充分的剖析,进而为学者以及标准化管理者在研究和从事技术标准联盟(团体标准组织)的治理方面提供一定的借鉴。本书的出版得到了中国计量大学经济与管理学院的大力支持,在文献梳理、资料收集等方面,研究生卢宏宇、祝鑫梅、叶琦琳和顾玲巧等做了大量的工作,在此一并表示感谢。

　　2015年3月国务院印发的《深化标准化工作改革方案》提出"在标准制定主体上,鼓励具备相应能力的学会、协会、商会、联合会等社会组织和产业技术联盟协调相关市场主体共同制定满足市场和创新需要的标准",2018年1月1日《中华人民共和国标准化法》正式实施,确立了市场化在标准化资源配置中的决定性作用。在新型标准化管理体系下,未来,我们还会围绕此议题开展更多的研究,推出更多的成果。当然,由于经验和水平所限,本书的很多观点难免粗浅,还望专家和读者批评指正。

作　者
2020年春于杭州

目　　录

图 目 录

表 目 录

第一章
绪　论

第一节　研究背景及意义

一、研究背景

在经济全球化和国际竞争日趋激烈的背景下,企业之间的竞争已由产品创新转向技术创新,企业若能主导制定技术标准则意味着在竞争中就能掌握主动权,进而实现市场创新。因此,技术标准联盟成为企业参与技术标准竞争的重要组织形式。技术标准联盟所制定的联盟标准大大缩短了技术和相关产品进入市场的时间,加快其占领市场的速度,并且有助于形成技术的扩散效应和满足更广泛的市场需求。近年来,中国企业也逐步认识到技术标准联盟的重要性,并积极组建技术标准联盟,如闪联(Intelligent Grouping and Resource Sharing, IGRS)、第三代时分标准通信产业协会(TD-SCDMA Industry Alliance, TDIA)、无线局域网鉴别和保密基础结构(WLAN Authentication and Privacy Infrastructure, WAPI)产业联盟等。但其发展速度和发达国家成熟的技术标准联盟相比,仍然存在差距。如何缩短差距、实现快速发展成为亟待解决的问题。

与此同时,传统企业管理模式与管理理念也逐步从科学管理理论转向知识管理理论。以知识管理为核心的企业管理和发展战略已在理论研究界和实践管理界达成共识。企业为保证稳定的发展,引入了知识管理理念和方法,建立了知识管理战略,设立了知识主管。伴随着知识经济时代的全面兴起和知识管理的日益成熟,知识资本成为企业最重要的资源,在企业生产要素中所处的地位日益提升,也在企业价值创造和实现过程中起到至关重要的作用。能否有效地测量、管理和利用企业这笔巨大的无形财富已成为现代管理的核心，成为企业发展成败的关键。知识资源的同步协调运作，即知识协同作为知识管理的高级形式和知识管理发展的必然趋势，正在企业之间迅速兴起。

技术标准联盟作为一个开放的创新组织，其内部成员之间的知识协同程度对组织成员的创新绩效产生重要影响。通过联盟内的知识协同，首先可以优化整合各组织的知识资源，获得多主体、多目标、多任务间的协同效应；其次可以进一步激活组织的知识存量，提高已有知识的利用价值，获得"1+1>2"的协同效应；再次，技术标准联盟的知识协同可以提供快捷有效的知识来源，降低获取知识的成本，加快知识创新速度和新知识在组织内的应用速度，减少单个组织独立行动的思维局限，提高组织内成员在知识层面上的协调性和一致性；最后，它还避免了知识的重复开发，有利于节约资源，同时降低不确定风险。

2015年3月，国务院印发了《深化标准化工作改革方案》的通知，提出"鼓励具备相应能力的学会、协会、商会、联合会等社会组织和产业技术联盟协调相关市场主体共同制定满足市场和创新需要的标准，供市场自愿选用，增加标准的有效供给"。我国自开始实施深化标准化改革以来，在"使市场在标准化资源配置中起决定性作用和更好发挥政府作用"的总体思路下，建立了政府主导制定的标准与市场自主制定的标准协同发展、协调配套的新型标准体系。2018年1月1日起施行的《中华人民共和国标准化法》（以下简称《标准化法》），确立了团体标准在我国国家标准化体系中的地位，团体标准的出现使我国的标准供给从政府单一供给的一元结构发展到政府和市场共同供给的二元结构。市场化的标准管理体系的确立，也使我国标准化实践中出现了联盟标准、协会标准、学会标准等多种形式的团体标准，这些标准在市场经济中发挥了积极的作用，成为现行标准体系的有益补充，在规范企业间的竞争、促进产业技术升级方面起到了积极作用。因此，以技术标准联盟为主体的研究对于加快我国新型标准体系的构建具有重要意义。

在高质量发展的背景下，标准作为一种技术制度和公共产品，是质量的基础和依据。本书结合研究热点，探索技术标准联盟的知识协同与标准实施效益的关系，对于进一步促进技术标准联盟的发展具有重要意义。而联盟标准只是团体标准的一种形式，在技术标准联盟领域的研究同样适用于团体标准,故本书的研究还将有助于团体标准的建设与发展。与此同时,研究还将拓宽知识管理的研究领域,将知识协同与标准实施效益联系起来,探索更好发挥团体标准作用的新方式,推动中国的标准化进程又快又好地发展。

二、研究意义

1. 理论意义

作为技术联盟的一种形式,技术标准联盟的内部企业因为技术和知识产权的联结,在知识的共享和协同过程中具有自身的特殊性。企业之间如何建立有效的联盟知识协同方式?联盟创新要素如何科学布局?怎样实现合理流动与优化配置?这些问题的解决对于提升联盟企业的创新效率,从而确保标准的有效实施有着极为重要的理论意义。具体表现为以下几点:

1) 研究将进一步厘清技术标准联盟的特征和类型

与一般的战略联盟相比,技术标准联盟因为有更强的研究与开发(R&D)合作以及专利池等知识产权连接关系,联盟内部成员之间有着共同的经济利益,因此在知识协同上具有更强的动力,也比一般的战略联盟具有更密切的联系和更明确的目标,这也是它区别于其他战略联盟的重要特征。本书将进一步明确技术标准联盟的内在特征和主要类型以及市场化的标准管理体系的特点,进而对现有的团体标准相关概念和内涵进行补充。

2) 研究丰富了技术标准制定组织的知识转化机制

标准是组织知识资源的精粹和组织知识体系的重要组成部分,标准开发过程其实就是知识被创造、获取、集聚、应用与管理的循环过程,该过程从个体到团队/部门到企业再到标准制定组织,知识自下而上传递。本书在知识管理理论分析的基础上,结合标准制定的流程以及标准协商一致的特点,基于标准知识转化的不同阶段,揭示了每个过程中的输入输出、知识转移方向、系统的有序程度以及组织知识存量的变化。

3) 研究进一步完善标准实施效益评价的理论和方法

尽管标准实施评价的研究一直存在着较多的争议,但是技术标准联盟作为市场化标准制定主体的重要补充,其联盟标准在实施中也一定具有自己的特质,其自身的知识协同范式也决定了技术标准联盟的标准实施会与其他的标准实施主体存在差异。因此,本书的研究也将进一步丰富标准实施评价的理论和方法,采用问卷的形式,获取相应的信息进行综合评价。

4) 研究将为技术标准联盟在模式选择和知识管理上提供依据

本书较为完整地细分了不同技术标准联盟类型,探究不同网络类型的技术标准联盟特征以及知识协同机制、推动知识协同的主要因素和影响知识协同的途径,探究知识协同过程中的能力差异,为市场化的技术标准制定机构在模式选择及知识管理方面提供了依据。

2. 现实意义

新的《标准化法》实施以后,以"政府主导制定的标准侧重于保基本,市场自主制定的标准侧重于提高竞争力"为基本思路,新型的标准化管理体系对标准工作提出了新要求,特别是从微观层面,需要分析标准制定主体的内部知识管理机制对标准实施的影响以及知识的协同影响标准实施效益的路径,因此,本书将力图为各级标准化管理机构、团体标准组织和标准实施企业在标准化管理中提供理论应用的支持。

1) 为新型的标准化管理体系的发展提供建议

新型标准化体系的提出推动了多主体的标准化运作机制逐步形成。那么,在新的标准化管理体系下,政府、市场和企业各自扮演什么样的角色,在具体的工作中,如何更好地实施"统一管理、分工负责"？本研究将从知识管理的视角,分析政府在新的标准化管理体系下的管理机制,从而实现工作创新。

2) 为市场化的标准运作机制的发展提供指导

未来标准在竞争力体现上一定需要市场化的标准制定机制,也必定需要创新的成果通过知识的转化、传递、共享,实现标准实施效益的最大化,因此,本书的研究成果,将为新型的标准化管理体系在技术机构的管理、创新成果的标准转化机制设计等方面提供政策建议。

3) 为团体标准的治理提供政策分析的工具

本研究可使学会、协会、企业及政府相关部门对技术标准联盟有进一步的了解,为学会、协会和企业参与联盟标准和团体标准的制定提供参考,为政府相关部门在建设标准团体方面的政策制定提供借鉴。

第二节 文 献 综 述

一、技术标准联盟

1. 技术标准联盟的定义

技术标准联盟的概念,自 20 世纪 90 年代开始被逐步提及,其作为战略管理和标准化管理的研究热点,已经有不少学者对其定义进行了阐述。卡尔认为技术标准联盟是由多个标准相关技术或专利的拥有者通过彼此分享技术、将专利技术集成并形成完善的技术标准,统一对外进行专利许可而形成的联盟组织[①]。Dong 等提出技术标准联盟是技术标准形成机制中组织机制的一种形式,指以拥有较强研发实力和关键技术知识产权的企业为核心,来推动某种技术标准的主流化为目标的企业间成员组织[②]。代义华等将技术标准联盟定义为企业围绕技术标准形成的一种战略联盟,企业组建技术标准联盟的根本目的是促使标准的确立,从而获取标准价值[③]。王德富认为技术标准联盟是指两个或两个以上的企业以技术标准的确立、扩散和应用为目标,在保持独立性的前提下通过一系列的许可协议明确各方的权利和义务,联盟内企业通过合作研发、资源互补、利益共享和标准共用作为整体参与标准竞争,从而获得更大标准价值的松散型组织形式[④]。这部分学者主要从技术标准联盟的技术属性进行定义和讨论,均提出了技术是联盟形成的必不可少的资源。

以曾德明为代表的学者们从联盟的联结形式出发,认为技术标准联盟是一种典型的契约型联盟,实质是一系列许可协议的集合体,联盟各企业通过谈判达成协议,从而形成契约关系[⑤]。张运生等在此基础上,提出技术标

① CARL S. Navigating the patent thicket cross licenses, patent pools, and standard-setting[R]. Innovation Policy and the Economy USA: MIT Press, 2001: 119-150.
② DONG Y, XU K F. A supply chain model of vendor managed inventory[J]. Transportation Research, 2002, 38(2): 75-95.
③ 代义华,张平.技术标准联盟基本问题的评述[J].科技管理研究,2005,25(1):119-121.
④ 王德富.技术标准联盟治理问题研究[D].大连:东北财经大学,2010:31-35.
⑤ 李大平,曾德明,彭盾.软件业技术标准联盟治理的基本框架分析[J].科技管理研究,2006,26(7):118-119,102.

准联盟作为介于市场和科层之间的一种组织形式,其本质上是一种准市场式的契约型联盟①。更进一步地,韩文慧认为技术标准联盟是一种约定共享技术研发成果、共担研发及标准化成本与风险的松散契约型联盟组织机制②。龙剑友则是从信息产业的角度,指出技术标准联盟是以各主体的技术与市场能力为基础,并以形成技术标准为目标的复杂联盟③。

另一部分学者围绕技术标准联盟的特点对其进行定义的阐述。孙耀吾等指出技术标准联盟具有知识密集、产业链条完善、技术互补或产品领域兼容、主体间呈现竞合关系等特点④。作为一个战略组织,它是以技术标准的研发、共享、商业化以及促进技术标准的扩散和应用为目的,以契约关系为联系纽带⑤,高度共享并综合集成专利,包含大量专利技术的联盟⑥;它以高技术水平和拥有基础核心技术的企业为主导并联合其他企业、高校或科研院所,围绕技术标准化各环节有效运行⑦。也有学者认为技术标准联盟的主体是中小企业,其目的是为了加强个体技术实力还不强大的中小企业间标准化合作与交流⑧。

综上,从技术标准联盟的不同定义中,可以总结技术标准联盟的联结是由于企业之间的技术资源依赖,目的是希望通过技术标准进行市场创新,因此本书采用学界较为普遍接受的观点,将技术标准联盟定义为以拥有较强研发实力和关键技术知识产权的企业为核心并联合多个企业,以共同发起一项技术标准,并将标准进行市场扩散为战略目标的联盟组织⑨。

---

① 张运生,张利飞.高技术产业技术标准联盟治理模式分析[J].科研管理,2007,28(6):93 - 97,129.
② 韩文慧.技术标准联盟伙伴关系管理研究[D].杭州:杭州电子科技大学,2009:22 - 25.
③ 龙剑友,张琰飞.技术标准联盟——信息产业发展的新趋势[J].财经理论与实践,2009,30(5):110 - 112.
④ 孙耀吾,裴蓓.企业技术标准联盟治理综述[J].软科学,2009,22(1):65 - 69.
⑤ 王腾飞.我国技术标准联盟与企业技术创新研究[D].青岛:中国海洋大学,2011:20 - 28.
⑥ 王珊珊,王宏起,李力.技术标准联盟的专利价值评估体系与专利筛选规则[J].科技与管理,2015,17(1):1 - 5.
⑦ 史宇.技术标准联盟专利集中许可定价与收益分配研究[D].哈尔滨:哈尔滨理工大学,2017:23 - 33.
⑧ 李庆满,杨皎平.集群视角下中小企业技术标准联盟的构建与治理研究[J].科技进步与对策,2012,29(23):80 - 84.
⑨ HEMPHILL T A. Cooperative strategy and technology standards-setting: A study of U. S. Wireless telecommunications Industry standards development [D]. Washington, D C: The George Washington University, 2005, 23 - 25.

2. 技术标准联盟的特点

技术标准联盟作为战略联盟的一种形式,有着更强的研发合作以及专利池等知识产权连接关系,因此,有必要将技术标准联盟与其他几个联盟的概念和特征进行甄别。

战略联盟是由两个或两个以上有着共同战略利益的企业为达到共同拥有市场、共同使用资源等战略目标,通过协议、契约而结成的优势互补或优势、风险共担、生产要素水平双向或多向流动的一种企业合作模式[1][2]。当联盟的战略目的是合作创新时,战略联盟就是技术战略联盟。而技术标准联盟就是围绕技术标准的建立、发展和市场化许可各环节建立起来的技术战略联盟[3]。

研发联盟是战略联盟的一种具体形态,是指由两个或两个以上的企业,在一段时间内协作从事技术或产品项目研究开发,在实现共同确定的研发目标的基础上实现各自目标的战略联盟。研发联盟的主要特征有相对独立性、技术资源互补性、范围的广泛性等[4][5]。

从 1856 年第一个专利联盟——美国缝纫机联盟成立,到目前已经经过了 160 多年的发展历史。较早期的观点认为专利联盟是指多个专利持有企业之间就专利许可事项达成合作协议,该协议使得联盟内各企业的专利许可相互流转,并最终促使新技术的产生和新产品的商业化。在多年的发展之后,国内学者们总结认为专利联盟是由多个专利权人为实现彼此间交叉许可或统一对外许可而达成协议所形成的一种战略联盟[6][7]。同时,专利联盟的特点与研发联盟有些许相似,也具有相对独立性和技术资源互补性等特点[8]。

专利联盟是由多个专利权人达成协议,为实现彼此间交叉许可或统一对外许可而形成的一种战略联盟[9],具有相对独立性和互补性等特点[10]。目

① 吴士元.基于博弈分析的战略联盟研究[D].南京:南京理工大学,2003:23-36.
② 陈耀,连远强.战略联盟研究的论回顾与展望[J].南京社会科学,2014,11(11):24-31.
③ 陈春晖.高技术产业技术标准联盟优势研究[D].长沙:湖南大学,2007:21-35.
④ 杨东奇,张春宁,徐影等.企业研发联盟伙伴选择影响因素[J].中国科技论坛,2012,5(5):116-122.
⑤ 孙张.研发联盟形成过程及组织模式选择研究[D].扬州:扬州大学,2008:10-13.
⑥ 陈春晖.高技术产业技术标准联盟优势研究[D].长沙:湖南大学,2007:21-35.
⑦ 杨东奇,张春宁,徐影等.企业研发联盟伙伴选择影响因素[J].中国科技论坛,2012,5(5):116-122.
⑧ 孙张.研发联盟形成过程及组织模式选择研究[D].扬州:扬州大学,2008:10-13.
⑨ 李校林,江张林.我国专利联盟研究述评[J].科技与法律,2012,95(1):12-16.
⑩ 李薇.技术标准联盟的本质:基于对R&D联盟和专利联盟的辨析[J].科研管理,2014,35(10):49-56.

前,已有一些学者将技术标准联盟与其他联盟进行对比,研究技术标准联盟的特点。张琰飞认为技术标准联盟与其他联盟的区别体现在其成立的根本动机是标准的确立与扩散;联盟结构呈现层次性和网络性;联盟成立方式为集体发起成立;联盟发展与技术标准发展同步①。严清清等研究发现技术标准联盟与战略联盟的区别在于影响深远、形成过程中竞争和利益权衡较复杂、退出成本高②。李薇将技术标准联盟与传统的研发联盟和专利联盟进行了对比,发现它们既具有独立性,又具有较高的关联性甚至是相似性,但联盟成员间的互动模式与制约机制与单独的研发联盟或专利联盟又存在显著差异,技术标准联盟集成了技术研制和产业化两项功能③。此外,另一些学者总结认为技术标准联盟具有组织结构半开放性和层次性④、竞争双重性⑤、网络外部性⑥的特点。

综上所述,由定义及特征,可以梳理技术标准联盟与战略联盟、研发联盟和专利联盟在联盟主体、客体和任务上存在一些不同,见表1-1。

表1-1　技术标准联盟与战略联盟、研发联盟和专利联盟的对比

	战 略 联 盟	研 发 联 盟	专 利 联 盟	技术标准联盟
联盟主体	共同战略利益的企业;具有相互兼容的发展目标和优势互补的核心能力的企业	具有互补性技术资源的企业;拥有独特知识且知识间具有互补效应的企业	主要是持有私有知识产权的独立企业,有时包括重要生产商	专利技术所有者、技术标准管理机构和技术标准使用者;具体来说至少包括具备较强研发能力、掌握技术专利、市场占有率较高的行业主导企业或者拥有关键共性技术资源并具有一定技术转移能力的高校及科研院所,还包括技术标准联盟参与企业和关联企业,以及政府、标准化组织和行业协会等

① 张琰飞.信息产业技术标准联盟伙伴选择研究[D].长沙:湖南大学,2006:11-16.
② 严清清,胡建绩.技术标准联盟及其支撑理论研究[J].研究与发展管理,2007(1):100-104.
③ 李薇.技术标准联盟的本质:基于对R&D联盟和专利联盟的辨析[J].科研管理,2014,35(10):49-56.
④ 龙后友,张琰飞.技术标准联盟——信息产业发展的新趋势[J].财经理论与实践,2009,30(5):110-112.
⑤ 王腾飞.我国技术标准联盟与企业技术创新研究[D].青岛:中国海洋大学,2011:20-28.
⑥ 王道平,邓颖,张志东,等.高技术企业技术标准联盟稳定性控制研究[J].科技进步与对策,2014,31(14):75-80.

	战 略 联 盟	研 发 联 盟	专 利 联 盟	技术标准联盟
联盟客体	联盟成员的共同利益	联盟成员各自拥有的显性或者隐性知识，技术研发成果	联盟成员各自贡献的必需的、具有互补性的基础性专利	联盟成员的技术创新成果转化获得的技术标准
联盟任务	实现资源共享、优势互补等战略目标，提高自身竞争力	共同研究和开发高技术，将联盟成员各自向联盟贡献的知识进行整合，并在此基础上创造出新知识，开发出新技术	根据技术目标，对企业贡献的专利进行甄选，并以专利包的形式面向生产企业进行一站式许可，使得这种新技术得以扩散	联盟成员共同发起技术标准并将技术标准进行市场扩散，从而获取利益

　　总结起来，技术标准联盟是一种特殊形式的战略联盟，既具有战略联盟的基础特性，又具有一些自身的特殊性。与战略联盟相比，技术标准联盟有着更强的研发合作以及专利池等知识产权连接关系，其共同目标更明确，成员间关系更为紧密。技术标准联盟以标准的制定与推广应用为根本目标，具备了技术联盟和专利联盟的多重属性，并且在利益共享上较之于一般的联盟更显著和明确，直接对标准的实施效果产生影响，进而对这个产业的技术发展发挥关键作用。因此，以技术标准和技术专利为基础的技术标准联盟是一个契约型的合作联盟，联盟成员之间通过合作互相学习，可大大缩短研发新技术的时间，并以联盟的形式将标准进行应用推广。

　　目前，对于技术标准联盟概念的内涵和外延的阐述非常多，在内容上已基本达成共识。通过与战略联盟、研发联盟和专利联盟的对比分析也可发现技术标准联盟的主要特征，运用这些成果可较为清晰地对技术标准联盟进行定义和区分。

　　3. 技术标准联盟的运作机制

　　技术标准联盟有市场主导和政府主导两种形成过程，市场需求是技术标准联盟形成的主要因素。其中凯尔认为技术标准联盟的诞生是因为商业系统竞争的逻辑延续，而技术标准联盟正是伴随着这些商业系统的发展，逐步变成了企业最重要的市场竞争方式之一[①]。吉野和兰根基于微观角度，从

---

① KEIL T. De-facto standardization through alliances: Lessons from Blue-tooth [J]. Telecommunication policy，2002，26(3)：205 - 213.

企业发展和技术特点的视角认为技术标准联盟的诞生有以下几个动机：市场动机、技术动机、风险共担动机、网络效应、消除技术/产品使用顾虑①。与此同时，曾德明等从共同贡献专利技术和集成用户安装、共担技术标准化风险、创造顺轨创新效应、消除技术/产品使用者顾虑四个方面分析了技术标准联盟的形成原因②。由此发现，企业组建技术标准联盟的最终目标主要是为了获得超额利润和降低风险。在理清了主要市场主导因素后，将更有助于鼓励企业参与技术标准联盟的工作，进一步推动技术标准联盟的发展与创新。

技术标准联盟的成员选择对联盟的治理至关重要，良好的合作关系不仅能降低风险和达到利益最大化，而且能使联盟长期稳定发展，做到真正的合作共赢。张琰飞提出在联盟建立前，可通过层次分析法计算合作企业的总体能力③，进行初步的估计与筛选。联盟成员的选择是一个持续的动态过程，应结合标准特征进行选择并贯穿于技术标准市场化实现的整个阶段；同时在选择时要"领先一步"，除了要考虑阶段目标因素外，还要考虑实现最终目标的因素④。此外，龚艳萍等将生命周期理论运用在技术标准联盟的发展历程研究上，将其主要划分成了 5 个阶段，并研究了每个阶段中联盟成员选择的特征⑤。现有的研究从联盟选择企业和企业选择联盟两个角度都进行了探讨，但多停留在理论阶段，实证较少。未来，还可以考虑企业参与联盟的数量、政府政策、行业特征等因素，并通过实证加以解释和验证。

二、知识协同

1. 知识协同的内涵

2002 年，卡兰兹首次提出了知识协同的概念，认为知识协同是能够动态

---

① YOSHINO M, RANGAN M. Strategic alliances: an entrepreneurial approach to globalization [M]. Boston: Harvard Business School Press, 1995: 5.
② 曾德明，方放，王道平.技术标准联盟的构建动因及模式研究[J].科学管理研究,2007,25(1): 37-40.
③ 张琰飞.信息产业技术标准联盟伙伴选择研究[D].长沙：湖南大学,2006: 11-16.
④ 王道平，韦小彦，方放.基于技术标准特征的标准研发联盟合作伙伴选择研究[J].科研管理, 2015,36(1): 81-89.
⑤ 龚艳萍，董媛.技术标准联盟生命周期中的伙伴选择[J].科技进步与对策,2010,27(16): 13-16.

集合并建立关联、技术、商业过程及其内外部系统的最大化商业绩效的有效组织战略方法①。安克拉姆和托米认为知识协同是知识管理的第三阶段,也即高级阶段,各个组织在知识管理过程中以协同、共享、合作、交互为主题,最终达到知识创新的目标②③。在过程和作用方面,有学者提出知识协同是指运用团队和企业的知识来协同企业的工艺设计过程④,通过整合组织的内外部知识资源,使组织学习、利用和创造知识的整体效益大于各独立部分总和的效应⑤。也有学者提出,知识协同的过程是组织通过知识转移与创新的行为来提高自身的管理水平和业务发展能力的过程⑥,在这个过程中,企业中各种无形资源实现协调管理⑦。

国内学者从不同的视角对知识协同进行了剖析。叶庆祥、徐海洁认为,知识协同是指集群企业在集群学习过程中,在保持集群个体企业知识专有性和集群整体知识相近性协调的同时,实现知识的不断更新和优化,达到个性学习和共性学习的良性动态平衡⑧。李丹指出知识协同是利用协同竞争思想,根据期望目标整合企业群内各企业的知识资源及能力,通过协同运作与管理,产生知识协同效应的过程⑨。樊治平、冯博等基于知识系统的角度,认为知识协同是多个创新主体围绕知识进行的跨企业、跨行业、跨学科、跨领域的整合并优化知识资源的行为⑩。刘炜等从流程的视角,认为知识协同

---

①　KARLENZIG W. Tap into the Power of Knowledge collaboration[J]. Customer Interaction Solutions,2002,20(11):22-23.

②　ANKLAM P. Knowledge management:the collaboration thread[J]. Bulletin of the American Society for Information Science and Technology,2002,28(6):8-11.

③　TUOMI I. The Future of Knowledge Management[J]. Lifelong Learning in Europe,2002,VII (2):69-79.

④　倪颖杰,许建新,桓永兴,等.敏捷制造企业工艺信息系统中的知识协同[J].航空制造技术,2003 (1):56-58.

⑤　张中会,屈慧琼,万建军.论复合型高校图书馆的知识协同[J].南华大学学报(社会科学版),2004 (2):113-114,118.

⑥　NIELSEN B B. The role of knowledge embeddedness in the creation of synergies in strategic alliances[J]. Journal of Business Research,2005,58(9):1194-1204.

⑦　毛克宇,杜纲.基于协同产品商务的企业协同能力及其评价模型[J].内蒙古农业大学学报(社会科学版),2006(2):165-167.

⑧　叶庆祥,徐海洁.基于知识溢出的集群企业创新机理研究[J].浙江社会科学,2006(1):67-70, 112.

⑨　李丹.企业群知识协同要素及过程模型研究[J].图书情报工作,2009,53(14):76-79.

⑩　樊治平,冯博,俞竹超.知识协同的发展及研究展望[J].科学学与科学技术管理,2007(11): 85-91.

是组织内部各部门及组织间在新产品开发、业务流程改进等一系列运营管理过程中综合运用各自的智慧和资源进行的一系列合作创新活动[1]。佟泽华和何郁冰则是从知识传递的视角，提出知识协同是指知识主体之间能够无障碍地进行知识传递与共享，达到时间、空间、客体、传递对象的准确性，实现知识在创新主体间的多向流动[2]，知识在合作组织间的流动转移、实现了消化共享与再创造[3]。崔蕊、霍明奎从产业集群的角度提出知识协同是企业、中介、政府、高校等组织以高校和企业为核心，将创新主体汇集在一起充分释放其创新资源要素的过程[4]。朱静毅则从主体的视角，认为知识协同是涉及特定目标或者成果的多个具备知识的行为主体间正在发生的知识互动过程，并达到一种有序状态[5]。

虽然学者从不同角度对知识协同进行了阐述，但基本达成了以下共识：知识协同是知识管理发展的高级阶段，是动态的知识活动过程，其要素包含知识主体、知识客体、时间和环境，它强调组织内外部知识传递的时空和对象的"准确性"。知识协同的最终目标是通过知识创新提升组织竞争力，使组织实现"1+1＞2"或"2+2＝5"的协同效应[6]，且具有以下特征：一种知识开发和创新的方式与手段；内嵌在组织体系中，对象包含内外部的所有知识资源，参与主体是所有的个人和部门；具有过程动态性，知识资源与知识多次耦合协同；目标是实现协同效应，避免重复知识活动造成浪费与损失[7]。

2. 知识协同的过程

知识协同的过程研究，目前主要从以下几个方面开展：

从知识资源角度，雷宏振认为知识协同包括知识分析、发掘、重构与整

① 刘炜，徐升华.协同知识创新研究综述[J].情报杂志，2009，28(9)：131-134,163.

② 佟泽华.知识协同的内涵探析[J].情报理论与实践，2011，34(11)：11-15.

③ 何郁冰.产学研协同创新的理论模式[J].科学学研究，2012，30(2)：165-174.

④ 崔蕊，霍明奎.产业集群知识协同创新网络构建[J].情报科学，2016，34(1)：155-159,166.

⑤ 朱静毅.基于分层系统的隐性知识协同效应评价模型研究[D].南京：南京邮电大学，2017：31-32.

⑥ 王彤，赵庆龄.2007—2016年国内知识协同应用研究定量分析[J].情报科学，2017，35(4)：88-92.

⑦ 许静静.社会资本视角下知识联盟协同知识创新的影响机理研究[D].合肥：安徽大学，2018：20-26.

合①。在此基础上，冯博认为知识协同过程还应该包括创新②。

从集群角度，曾德明、文小科等将知识协同过程描述为知识获取、转移、创造的三部曲以及新知识的产生和创新③。

从要素角度，周青山认为知识协同是知识协同主体及客体、协同媒介和协同情景要素互动的过程④。

从产学研角度，陈忆、何郁冰认为知识协同经历酝酿、形成、运行和终止四个阶段⑤。

从流程角度，吴绍波、顾新等认为知识协同过程主要是组织内部人员进行知识共享、转移、不断地学习与创新⑥。王悦认为知识协同核心过程就是针对知识进行的一系列活动，包括知识获取、发现、处理、共享、使用和创造⑦。陈建斌等认为知识协同过程包括知识搜寻、转移、创新等多种微观过程⑧。储节旺、张静等认为知识协同是知识获取、转移和吸收等一系列知识螺旋的过程⑨。

从供应链角度，王聪颖、管晓东认为知识协同是知识发现、创新、传播、观察、发现的闭环过程⑩。吴悦将知识协同过程分为知识的共享、获取、转移、整合、应用及创新⑪。张鹏构建了供应链企业间知识协同过程模型，根据模型将供应链企业间知识协同过程阐释为知识共享、知识转移、知识获取、知识整合、知识应用及知识创新的非线性作用⑫。

---

① 雷宏振.知识管理——基于组织学习系统的研究[D].西安：西安交通大学，2008：33 - 35.
② 冯博.网络环境下的知识协同管理问题研究[D].沈阳：东北大学，2006：12 - 23.
③ 曾德明，文小科，陈强.基于知识协同的供应链企业知识存量增长机理研究[J].中国科技论坛，2010,2(2)：77 - 81.
④ 周青山.基于复杂网络的企业知识协同模型构建与仿真研究[D].杭州：杭州电子科技大学，2012：22 - 34.
⑤ 陈忆，何郁冰.产学研知识协同的理论模型[J].科技创新与生产力，2013(10)：10 - 14.
⑥ 吴绍波，顾新.知识链组织之间合作的知识协同研究[J].科学学与科学技术管，2008(8)：83 - 87.
⑦ 王悦.基于知识链的供应链协同知识创新模式研究[J].商场现代化，2009(35)：93 - 94.
⑧ 陈建斌，郭彦丽，徐凯波.基于资本增值的知识协同效益评价研究[J].科学学与科学技术管理，2014,35(5)：35 - 43.
⑨ 储节旺，张静.企业开放式创新知识协同的作用、影响因素及保障措施研究[J].现代情报，2017,37(1)：25 - 30.
⑩ 王聪颖，管晓东.基于市场导向的产业集群知识协同模式研究[J].科技进步与对策，2009,26(10)：69 - 71.
⑪ 吴悦，顾新.产学研协同创新的知识协同过程研究[J].中国科技论坛，2012(10)：17 - 23.
⑫ 张鹏.供应链企业间知识协同及其与供应链绩效关系研究[D].长春：吉林大学，2016：17 - 29.

虽然现有的研究，其视角不同，获得的过程分析的内容也不同，但多数是依据知识管理流程并结合知识协同特征而进行划分的。综上所述，本书将知识协同过程分为知识吸收、知识转移、知识整合、知识运用和知识创新。

3. 知识协同的测度

基于不同的知识协同过程，学者们构建了不同的模型对知识协同进行测度。李朝明认为知识共享是企业协同知识创新的前提和条件，通过知识的特性、员工的障碍和动机、组织的利益关系来测量知识共享[1]。张哲的研究发现任何组织之间的联盟都会形成知识转移的过程，并从知识的不同形式来测量知识转移的影响因素[2]。郑素丽等基于知识的动态能力理论体系，开发了涵盖知识获取、知识创造、知识整合3个构面、16个题项的动态能力测度量表[3]。塔娜选了由知识存量水平、信息技术平台完善度、协同制度完善度、协同运作水平和协同成果5个一级指标和36个二级指标构成的评价供应链知识协同绩效指标集[4]。

国内外学者对于企业知识协同测度的相关研究，大多还停留在某一项具体的知识管理活动层面，尚未有技术标准联盟环境下的知识协同测度。本书将基于现有的研究和技术标准制定组织的内在特征，构建相对合理和科学的技术标准联盟内部知识协同测度指标体系。

三、标准实施效益

1. 标准经济效益评价方法

世界各国从20世纪60年代起对标准的经济效益进行了大量研究，并已取得了相应成果，各国先后提出了标准化经济效益的评价与计算方法。

英国标准协会（British Standards Institution，BSI）采用了柯布-道格拉斯生产函数（式1.1）进行研究，运用1948—2002年的统计数据，分析得出以下三个结论：一是有效标准数量增长对劳动生产力增长有作用关系；二是标

---

[1] 李朝明，刘静卜.企业协同知识创新中的知识共享研究[J].中国科技论坛，2012(6)：96-101,154.

[2] 张哲，赵云辉.社会资本视角下知识转移的影响因素研究[J].技术经济与管理研究，2016(1)：74-77.

[3] 郑素丽，章威，吴晓波.基于知识的动态能力：理论与实证[J].科学学研究，2010,28(3)：405-411.

[4] 塔娜.供应链知识协同管理绩效评价研究[D].大连：大连理工大学，2013：16-23.

准与劳动生产力年增长率有作用关系;三是标准对技术进步有贡献作用。由此得出标准与劳动生产力增长关系的模型[①]。但是该方法只考虑了由劳动生产力到标准数量的单向因果关系,不适合用于企业标准经济效益的评价。

$$Y = A \cdot K^{\alpha} \cdot L^{\beta} \qquad (1-1)$$

德国标准化学会(German Institute for Standardization,DIN)通过采用1960—1996年的宏观数据,运用柯布-道格拉斯生产函数的改造公式(式1.2),对德国标准化经济效益进行研究,发现德国经营性产业产值增长与标准有关,并且计算出标准对德国经济年产值增长率的贡献度[②]。该方法的不足在于仅考虑标准数量的影响,从宏观层面评价标准经济效益,对企业标准经济效益的评价并不适用。

$$Y_t = A(t) \cdot K_t^{\alpha} \cdot L_t^{\beta} \qquad (1-2)$$

日本对标准经济效益进行评价采用的是标准效果成本法,即"费用对比效益"将日本在参与制(修)订国际标准项目时投入的费用与国际标准采纳日本某项国家标准后,日本拥有相关知识产权给日本产业界带来经济效益进行对比计算,得出制(修)订国际标准项目投入费用数据,以及对制(修)订国际标准所产生的经济效益进行评价[③]。该方法能够简单、直接地评价产品标准实施的经济效益,但对财务数据的准确性要求极高,实际操作上存在一定的困难。

法国标准化协会(Association Francaise de Normalisation,AFNOR)采用全要素生产率(TFP)作为测量指标,开展了标准对宏观经济增长影响的研究。全要素生产率是指产量与全部要素投入量之比;全要素生产率的来源包括技术进步、组织创新、专业化和生产创新(包括标准化)等[④]。该方法实质是探究技术进步对经济发展作用的综合反映,而不是技术标准实施带来

---

① 杨锋,王益谊,王金玉.标准化的经济效益研究综述[J].世界标准化与质量管理,2008(12):25-29.

② BEUTH V. Economic benefits of standardization: summary of results[R]. Berlin: DIN German institute for standardization, 2006: 20-23.

③ 郝德仁.标准成本制度:日本的经验与启示[J].财经科学,2007(5):68-73.

④ 宋时达.中日经济高速增长期全要素生产率比较分析[D].长春:吉林大学,2012:21-27.

的经济效益的评价。

澳大利亚国际经济中心(CIE)试验了两个独立的评价模型,第一个评价模型是分析研发系统和标准对全要素生产率的影响,第二个研究模型是将研发与标准相结合,建立一个关于澳大利亚经济知识存量的指数①。这两个评价模型用于评价澳大利亚所有采用的国际标准、所有澳大利亚与新西兰的联合标准以及澳大利亚的唯一标准对澳大利亚经济所产生的价值。

国际标准化组织(International Organization for Standardization,ISO)于 2010 年 3 月发布了标准经济效益评价方法。该方法以价值链(VCA)分析为基础,通过对价值链每一环节的价值增值分析,层层剥离,从而评估标准经济效益②。国际标准化组织经济效益评价方法衡量的是标准对组织(企业)创造价值的影响,所以适合用于评价企业标准实施的经济效益。

早在 20 世纪 80 年代,我国就制定了 3 个有关评价、论证、计算标准化经济效益的标准——GB 3533.1 - 1983《标准化经济效果的评价原则和计算方法》、GB 3533.2 - 1984《标准化经济效果的论证方法》和 GB 3533.3 - 1984《评价和计算标准化经济效果数据资料的收集和处理方法》,并在 2009 年进行了标准的修订工作。

国内专家和学者对标准实施效益评价方面的相关研究,尝试了多种定量和定性分析方法。2003 年,宋敏、于欣丽等采用数据包络分析(DEA)对标准效益进行仿真运算,以有效相对性为基础,研究企业规模效益和技术效率随时间变化的实际状况,建立起产品的多指标投入与产出的直接或间接关联关系,从而达到量化标准经济效益的目的③。该方法的运算较复杂,在实际应用中,难度较大。王超采用可计算一般均衡模型(CGE),通过调查问卷,获得工程建设标准化对模型中特定参数的影响,再通过模型模拟这些参数的标定对中国经济的影响,得出工程建设标准化对国民经济的影响④。可

① 范洲平.标准化经济效益评价模型研究[J].标准科学,2013(8):26 - 29.
② 戚彬芳,宋明顺,方兴华,等.ISO 标准经济效益评估方法的实证研究[J].标准科学,2012(11):11 - 15.
③ 宋敏,于欣丽,卢丽丽.基于 DEA 方法的企业标准化效益评价[J].中国标准化,2003(10):56 - 58,70.
④ 王超.工程建设标准化对国民经济影响的研究[D].北京:北京交通大学,2009:22 - 35.

计算一般均衡模型对社会核算矩阵(SAM)的要求较高,一般很难满足。2012年,张建华利用层次分析法(AHP),将农业标准实施中的多目标评价问题作为一个系统,采用专家咨询法对多目标划分层次,进行了对标准经济效益评价的定性和定量分析[①]。该种评价方法存在较大的主观影响,在实际应用时应该注意主观因素的控制。2013年,李尔丁通过与原有对照农业技术标准或具体措施方案进行比较,以最终的农产品产量和经济效益为主要指标进行分析计算[②]。该方法具有全面、直观、方便计算等特点,但要求评价对象具有实际价值,不能对不具有实际价值的评价对象进行经济效益及实施效果的评价。

目前,对于标准经济效益评价的研究已较多,其评价方法可总结为:概率统计法、层次分析法、模糊综合评价法、灰色综合评价法、ISO评价法和经验评价法。这些方法的特点和适用的条件也不尽相同,应根据具体情况,结合研究对象的特点,合理选择方法。本书主要选用ISO标准经济效益评价方法。

2. 标准联盟绩效

企业标准的主体是技术标准,技术标准与企业市场竞争又有着不可分割的联系。通晓技术标准的目标、检查试验技术标准的适用性、推动技术标准的发展都依赖于技术标准的实施。

但是现有研究对于技术标准联盟绩效方面的研究还较少。杨皎平、李庆满等从创新绩效和组织有效性两方面对技术标准联盟的合作绩效进行研究,构建了理论模型,并运用结构方程模型(SEM)方法实证检验了部分信息与通信技术产业的企业,证明了技术标准联盟企业间的关系强度、知识转移和知识整合与联盟的合作绩效水平正相关,且相互间还存在着一定的间接关系[③]。周青、韩文慧等建立了联盟伙伴关系测度指标体系,考虑了信任、关系承诺和依赖性等方面的影响,运用结构方程模型方法对技术标准联盟伙伴关系与联盟绩效之间的关系进行了实证研究,证明了伙伴关系与技术标

① 张建华.基于生产过程的农业标准实施评价指标体系研究[J].标准科学 2012(1):22-27.
② 李尔丁.基于比较分析法的农业标准化成果经济效益评价方法[J].标准科学,2013(4):25-29.
③ 杨皎平,李庆满,张恒俊.关系强度、知识转移和知识整合对技术标准联盟合作绩效的影响[J].标准科学,2013,5(5):44-48.

准联盟绩效有着相互的促进作用①。上述两者的研究都是以战略联盟绩效理论为基础来研究技术标准联盟绩效问题的，方法上主要以结构方程模型和实证研究为主，但在评价指标和评价角度上都存在差异。从评价角度看，杨皎平等主要是从创新绩效的角度来研究，而周青等则主要是从经济角度来进行研究。在现有的少量研究中，对于技术标准联盟的评价也多从联盟创新绩效的角度开展，而作为联系和纽带的技术标准联盟中的技术标准的实施效果的研究还不多。标准的制定和市场化是技术标准联盟存在的根本，因此，科学评价技术标准联盟的标准实施效果对于进一步规范和促进技术标准联盟的发展具有重要意义。

四、文献述评

第一，目前在技术标准联盟的较多基础研究中，对于技术标准联盟内涵的阐述形式非常多，在内容上也已基本达成共识，但缺少梳理。笔者在阅读大量的相关文献基础上，对技术标准联盟的本质进行思考，将其与战略联盟、研发联盟和专利联盟对比，挖掘技术标准联盟的内涵和特质。

第二，目前从知识网络的视角，对联盟尤其是产业联盟内部的知识管理研究已经较为成熟，研究联盟协同创新系统的也较为多见，但是现有网络结构演化的研究，多聚焦于网络本身的时间和空间的演化，关于网络演化与网络绩效之间的关系研究并不多见。技术标准联盟有其特殊性，技术标准联盟以标准的制定与推广应用为根本目标，具备了技术联盟和专利联盟的多重属性，并且在利益共享上较之于一般的联盟更显著和明确，直接影响了标准的实施效果，进而对这个产业的技术发展产生重要影响。因此，技术标准联盟内部的知识共享与协同不仅重要而且特殊，并且需要明确其知识协同对联盟产出的影响机制，而目前尚未有此领域的研究。

第三，产业的技术升级和产业联盟形成势必伴随着基于专利和标准的技术标准联盟的组建，虽然技术标准联盟在近十年来战略联盟研究领域中越来越受到重视，但对于标准联盟的研究主要集中在标准联盟的类型划分及其治理机制。对于技术联盟的评价也多从联盟创新绩效的角度开展，而

---

① 周青,韩文慧,杜伟锦.技术标准联盟伙伴关系与联盟绩效的关联研究[J].科研管理,2015,32(8):1-8.

作为联系和纽带的标准联盟中的技术标准的实施效果,目前的研究还不多。标准的制定和市场化是技术标准联盟存在的根本,因此,科学评价标准联盟的标准实施效果对于进一步规范和促进标准技术联盟的发展具有重要意义。

第四,对于标准化的经济效益评价已经有较多的研究,随着联盟标准在整个标准领域中的作用日益突出,联盟标准实施的绩效评估必要性开始显现。目前对于联盟标准实施的绩效研究还较少,学者较多地研究标准的经济效益评价方法,并且以微观的企业为主,缺少从中观的行业角度进行评价和研究。

基于以上几点,本书从标准联盟的联盟网络特征出发,聚焦于多个企业之间的互动与协调机制,从知识协同的角度,对技术标准联盟的网络结构进行剖析,深入研究网络内部知识协同对标准实施效果的作用机制。

第三节　问题的提出与研究方法

一、问题的提出

网络经济时代,标准竞争已在诸多产业取代了价格竞争、品牌竞争等传统竞争方式,逐步成为最主要的战略竞争形式之一。英国标准学会曾对 38 年的英国经济统计数据进行分析,得出标准对技术进步的贡献率超过 25% 的结论;德国标准化学会在德国、奥地利和瑞士三国开展的调查结果表明,标准给这几个国家的经济增长所做的贡献远大于专利或特许权。而这其中,西方工业化国家市场化运作的自愿性标准体系因其紧贴市场需求、响应时间快、技术更新及时等优点,起到了非常关键的作用。为了能够更清晰地了解市场化运作体制中的技术标准制定组织的内部知识治理机制,本书将在已有研究的基础上,重点解决以下两个问题:

1. 技术标准联盟的知识协同过程机理是什么

技术标准联盟的知识来源于外部的知识获取和内部的知识创造,这是两种不同的知识活动方式。内部的知识创造又可分为企业自身的知识创造和联盟企业之间的知识创造。面对复杂的内外部知识,技术标准联盟内部的知识到底如何协同? 不同的联盟类型知识协同的方式有无差异? 知识协同又是如去衡量和表征的？如何通过诸如观摩、培训学习、考察等一系列的活动,实现知识从吸收到转移到整合、运用一直到创新的有序化？这是本书需要解决的第一个问题。

2. 技术标准联盟的知识协同如何影响标准实施绩效

标准的研制和实施是技术标准联盟存在的基础,也是组织的主要目标。那么技术标准联盟内部的知识协同,与组织的标准实施效益之间的关系如何？其作用机理和作用路径怎样？在战略柔性发挥中介作用的前提下,知识的吸收、转移、整合、运用和创新各个阶段对标准实施会产生什么样的影响？这是本书需要解决的第二个问题。

二、研究方法

本书主要研究方法包括文献研究法、访谈法、实证分析法、案例研究法等,具体如下：

（1）文献研究法。研究在大量搜集国内外关于技术标准联盟、知识协同和标准实施效益的相关书籍和文献基础上,通过整理和归纳,分析已有研究的不足与启示,为探究技术标准联盟内部知识协同对标准实施效益的研究提供理论基础。研究首先对标准联盟、标准实施效益的现状及研究演进路线进行系统地分析和梳理,厘清目前研究的主要成果和存在的局限性,从而明确研究的问题、研究的变量和可采用的研究方法。在此基础上,对知识协同的相关哲学思想和理论基础进行系统的文献阅读和整理,重点关注隐性知识传递和转移理论、竞合理论等,为技术标准联盟的知识协同的研究进行理论铺垫。

（2）访谈法。为了使研究内容的设计更具有科学性和合理性,在问卷设计之前,对技术标准联盟和团体标准的制定企业进行了半结构化访谈,并在此基础上,基于文献的梳理,设计初始问卷。

（3）实证分析法。本研究以技术标准联盟内企业作为对象,进行问卷调查。在试调研的基础上,对初识问卷进行修正后形成正式问卷。使用 SPSS（统计产品与服务解决方案软件）对数据进行描述性分析和信效度检验,保证问卷具有较高的可靠性和有效性；运用 SPSS 进行相关分析,对模型中变量间进行相关性检验；利用结构方程模型方法,使用 SmartPLS（偏最小二乘结构方程建模软件）对各变量之间的路径关系进行检验,逐一讨论假设检验结果,依据结果进行分析和讨论,得出结论和建议。

（4）多案例研究法。本研究采用多案例研究的方法,根据政府在技术标准联盟标准化活动中的参与程度,将技术标准联盟的类型分为"偏市场型""完全市场型"和"偏政府型",并选取欧洲电信标准化协会作为偏市场型联盟的案例样本、美国材料与试验协会作为完全市场型联盟的案例样本、浙江省品牌建设联合会作为偏政府型联盟的案例样本,通过对比分析,探索影响技术标准联盟知识协同的因素以及不同类型技术标准联盟内部的知识协同特点。

第四节 技术路线和创新点

一、技术路线

本研究的技术路线如图 1-1 所示。根据文献和现实问题的情境,提出问题,进而构建了知识协同对标准实施效益作用机制的模型,通过访谈调研、问卷发放、统计分析后得到假设验证的结果,并通过案例加以论证和深化,提出我国在市场化的标准管理体制下,技术标准联盟以及团体标准发展的对策建议。

二、主要创新点

标准化在企业技术战略中的重要性日益凸显,在标准之争中,生产能力、创新能力、知识产权都是取得胜利的关键资产,但一个企业往往很难拥有全部资产,迫切需要组建标准联盟组合这些资产,以整体的力量来参与标准的竞争,而这其中,标准联盟内部个体之间的知识协同就成为联盟运行中最关键的内容之一。在此理念的指导之下,本项目的特色和创新之处主要在以下几点:

第一,国内外学者对于企业知识协同测度的相关研究大多还停留在某一项具体的知识管理活动层面,对涵盖多维度知识活动的知识协同测度尚不多见。本书将从知识协同的过程,依据知识吸收、知识转移、知识运用、知识整合和知识创新这 5 个维度进行研究,同时还加入了战略柔性这一中介变量,使研究更完整。

提出问题	文献阅读　　　　研究目的及意义
	技术标准联盟的知识协同与标准实施效益的关系

分析问题		**模型构建**

知识协同过程　　　　战略柔性

知识吸收　　　　资源柔性

知识转移

知识运用　　　　　　　　标准实施效益

知识整合　　　　能力柔性

知识创新

变量界定 → 提出假设 → 量表开发 → 问卷设计		**实证检验**

调研方案设计

数据收集整理

数据分析处理

解决问题	实证结果讨论
	案例论证	**得出结论**
	启示及对策

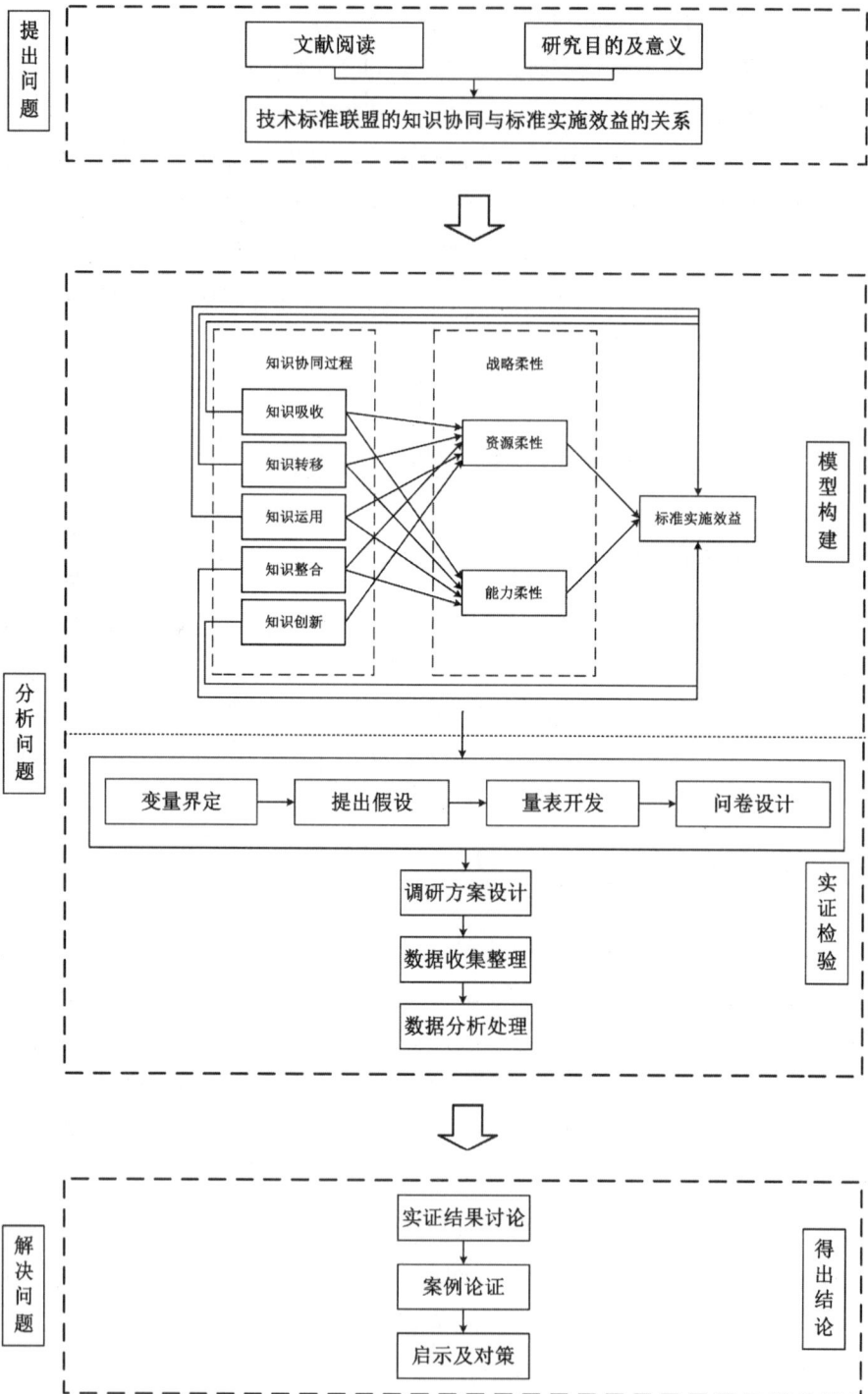

图 1-1　技术路线图

第二,目前,对于企业知识协同的测度多针对单个企业内部,少数研究针对联盟环境下的企业知识协同测度。而技术标准联盟作为战略联盟的一种特殊形式,也是学者们关注的研究热点之一。本书对企业在技术标准联盟环境下的知识协同进行研究,丰富了技术标准联盟和知识协同领域的理论研究。

第三,在现有研究中,对技术标准联盟的绩效评价多从联盟创新绩效的角度进行,尚未将对技术标准联盟而言最为重要的标准实施效益作为评价对象。标准的制定和市场化是技术标准联盟存在的根本,因此,科学评价技术标准联盟的标准实施效益对于进一步规范和促进技术标准联盟的发展具有重要意义。

第四,在关于知识协同的实证研究中,多使用企业绩效或创新绩效来作为因变量,但是对于标准联盟而言,标准的实施效益更能直接体现知识协同的效果。本书基于国际标准化组织标准经济效益评价方法的理念,设计了指标来测量标准实施效益,并以此作为研究的因变量,为未来的研究提供新的方向和参考,开拓研究思路。

第二章
相关理论溯源

第一节 合作竞争理论

合作竞争理论也被称为竞争合作理论。合作竞争是一种介于完全合作与完全竞争之间的新型高层次竞争,有利于企业获取更大的市场竞争力和经济利益,实现互惠互利,达成双赢的目标。但是,合作并不意味着竞争的消失,合作的目的是竞争,没有竞争也就没有合作。

一、合作竞争理论的发展

合作竞争理论是 20 世纪 90 年代发展起来的企业战略理论。1993 年,乔尔·布利克(Joel Bleeke)和戴维·厄恩斯特(David Ernst)在《协作型竞争》一书中,提出了合作竞争理论的核心:"对多数全球性企业来说,完全损人利己的竞争时代已经结束。"1996 年,拜瑞·内勒巴夫(Barry J. Nalebuff)和亚当·布兰登勃格(Adam M. Brandenburger)在《合作竞争》一书中,首次提出"合作竞争"这一合成词,但他们认为合作竞争并不只是合作和竞争的简单组合,而是一种动态的共同合作竞争关系,并用博弈论的五个要素进行分析,使企业竞争可以达到双赢的目标。1999 年,玛丽亚·本特森和索伦·科克开启了企业网络视角的合作竞争研究。

此后,诸多学者从不同角度对合作竞争理论进行了研究。从企业、组织间关系的角度,龚敏、张婵发现战略联盟、网络组织和企业生态群在企业合作竞争中能相互促进,并呈现螺旋式的演变发展过程[①];Luo 通过实证研究

---

① 龚敏,张婵.从战略联盟到企业生态群:企业合作竞争的形态演进研究[J].科技与管理,2003(4):42 - 45.

发现了跨国公司子公司间影响合作竞争强度的因素[①];Kotzab & Teller 研究了企业间良性合作竞争关系的形成机制[②]。从知识利用角度,Tsai 对合作竞争关系的组织网络的知识共享机制进行研究,认为合作竞争的主要目的是实现知识共享[③④];Loebbecke 等对合作竞争组织间的知识分配和基于合作竞争的知识转移进行了研究[⑤]。从团队关系角度,Hausken 认为利益主体间的竞争有利于利益主体内部成员积极性的提高[⑥];Beersmp 等人对合作竞争与团队绩效的关系进行了研究[⑦]。从行业角度,王丹、梁雄健对行业合作竞争的方式进行了探索[⑧]。从公共政策角度,Newlands 通过对合作竞争的产业集群进行分析,得到关于公共政策的启示[⑨]。

此外,基于合作竞争多元化、全方位、多层次、双赢的特点,其他学者的研究还包括竞争优势、系统理论、博弈论模型、中小企业发展策略和技术创新与合作竞争的关系[⑩]。

二、合作竞争理论的主要内容

合作竞争理论的内容主要包括交易成本理论、互补性理论、生态系统理

---

① LUO Y. Toward coopetition within a multinational enterprise: A perspective from foreign subsidiaries[J]. Journal of world Business, 2005, 40(1): 71-90.

② KOTZAB H, TELLER C. Value-adding partnerships and coopetition models in the grocery industry[J]. International Journal of Physical Distribution & Logistics Management, 2003, 33 (3): 268-281.

③ TSAI, WENPIN. Social structure of coopetition within a multiunit organization: Coordination, competition, and intraorganizational knowledge sharing[J]. Organization Science, 2002, 13(2): 179-190.

④ 李涛.协同创新过程中多阶段竞争与合作的共生演化研究[J].技术经济与管理研究,2015(6): 18-22.

⑤ LOEBBECKE C, LEVY M, POWELL P. SMEs, coopetition and knowledge sharing: The role of information systems[J]. European Journal of Information Systems, 2003, 12(1): 3-17.

⑥ HAUSKEN K. Cooperation and between-group competition[J]. Journal of Economic Behavior & Organization, 2000, 42(3): 417-425.

⑦ BEERSMP B, HOLLENBECK J R, Humphrey S E, et al. Cooperation, competition and team performance: Toward a contingency approach[J]. Academy of Management Journal, 2003, 46(5): 572-590.

⑧ 王丹,梁雄健."死拼硬扛"不如"协同竞争"[J].通信企业管理,2002(12): 32-34.

⑨ NEWLANDS D. Competition and cooperation in Industrial clusters: The implication for public policy[J]. European Planning Studies, 2003, 11(5): 521-532.

⑩ 薛丹丹."竞合"理论述评[J].重庆与世界,2011,28(5): 54-56.

论、竞争力聚合理论和新增长理论①。

1. 交易成本理论

交易成本又被称为交易费用，是企业在完成某活动的行为过程中产生的不可避免的成本。企业间的合作可以降低交易成本，推动技术的联合开发，而各种战略联盟和虚拟企业的出现就是从对抗性竞争转变为合作竞争。采取合理的合作方式，也有利于企业降低交易成本，提高运营效率。

2. 互补性理论

企业合作的互补性理论侧重于企业间互补性合作的协同效应。企业间的相互依赖性是建立稳定的互补性合作关系的根本原因，其中，关于资源依赖的研究较多。成功的合作不一定具有依赖关系，而过多的依赖也会导致合作失败。企业合作的互补性原理表明合作竞争在本质上是协同互利的。

3. 生态系统理论

合作是经济作为生态系统的内在要求。从动态的角度看，企业已不再是单一的静态个体，而是整个生态系统中的一部分②。企业在制定战略与规划时，不能仅仅关注自身，还要考虑整个生态系统中的各个相关者。系统中存在着竞争，更强调合作。因为系统本身具备整体性、稳定性和统一性等特点，所以要求系统内的企业在制定战略和规划的时候首先采用合作竞争的形式，这也说明了企业合作性竞争在本质上是一种共担风险、利益共享的和谐系统。

4. 竞争力聚合理论

合作使竞争力发生了聚合。竞争力聚合理论就是合作能够导致"双赢"，达到"1+1＞2"的作用效果。竞争力聚合是通过价值链交互作用、要素互补、能量聚合实现的，对企业的发展以及整个商业生态系统的发展都有着重要的意义，超越了传统的竞争模式，为商业竞争开辟了新的篇章。

5. 新增长理论

新增长理论认为经济增长是由经济体系的内部力量作用产生的，重视对知识外溢问题的研究，认为知识的溢出效应是经济增长的核心力量。而企业仅通过自身很难去积累知识进行技术创新，并且单独研发所产生的巨

① 衡朝阳.企业合作竞争研究[J].中央财经大学学报,2004(2)：55-57,67.
② 波特.竞争战略[M].陈小悦,译.北京：华夏出版社,2003：31-38.

额成本会为企业带来大风险,因此,合作竞争应运而生。

三、对本研究的启示

"商场如战场"的传统理念已经不适应当今世界,企业间进行的不再是单纯的逐利竞争,而是寻求合作共赢。在技术发展跨领域的发展态势下,一个企业很难同时拥有生产力、创新力、信息资源等等,技术标准联盟的存在就是为了整合资源,补齐短板,寻求集体胜利。通过组建联盟来参与技术标准竞争,获得市场地位和经济利益已经成为有效的制胜方式。但无法避免的是,尽管最初的目的是寻求合作,但是在联盟标准占领一定市场后,联盟内的企业为了个体利益和知识产权也会产生竞争。因此,可以说技术标准联盟内的合作竞争战略是介于完全合作与完全竞争之间的战略,它通过合作创造联盟的价值,再通过竞争分配联盟内的利益。企业采取合作竞争战略的目的之一就是促进知识交流、转移、共享与协同,降低信息收集和交易成本。技术标准联盟内的知识协同的全过程都是在合作竞争的战略背景下进行的,讨论技术标准联盟内的知识协同,就不得不考虑到联盟内存在合作与竞争的双重关系。合作竞争理论对于后续知识协同的过程分析具有重要的理论支撑意义。

第二节　知识管理理论

知识资源已经成为企业最重要的资源之一。知识管理是管理学中的一个新兴研究领域,伴随着知识经济的到来和信息技术的发展而兴起。

一、知识

知识管理的对象是知识。知识是人类对物质世界以及精神世界探索的结果总和,诸多学者基于不同的研究目的,从不同的角度对其展开了大量的研究。

1. 知识的定义

Turban 认为,知识是组织用于解决或决策具体问题的信息[1]。Wiig 指

---

① TURBAN E. Expert system sand applied artificial intelligence[M]. New York:Macmillan,1992,102-112.

出，知识包括事实、信念、观点、判断、期望、方法论以及实用知识①。日本学者 Nonaka(1994)的研究发现，知识是可以用信息、经验、心得、抽象的概念、标准的作业程序、系统化的文件、具体的技术等方式表现出来的有价值的智慧结晶②。Quinn(1996)提出，知识是专业人员自身所具备的技能财产③。Beckman 认为，知识是包含了逻辑推理的数据与信息④。丁家永从认知信息学角度，认为知识是个体通过与其环境相互作用后获得的信息⑤；同年，Leonard 也提出，知识是以个人的经验为基础的信息⑥。2000 年，德鲁克将知识定义为是可以用来改变人或事物的信息⑦；同年，Bender & Fish 研究发现，知识是以个人记忆的形式存在于个人意识中，用信息构建的有关思想、事实、概念、数据和技术的智力描述⑧。Alavi & Leidner 认为，知识是与事实、过程、概念、解释、想法、观察和判断相关联的个性化或主观的信息⑨。Zack 认为，知识是一种可以被存储或者操控的对象，是应用专业技能的一个过程，拥有影响人们行为的潜在能力⑩。林东清认为，知识是人类心智模式的外在表征，包含了广泛、复杂、抽象甚至模糊的内容⑪。Abasi 等认为，知识是辅助人们接受新的信息的经验、情境、价值等观点的动

---

① WIIG K M. Knowledge Management Foundation[M]. New York: Schema Press, 1993, 23-34.

② NONAKA I. A dynamic theory of organizational knowledge creation[J]. Organization Scinence, 1994, 5(1): 14-37.

③ QUINN J, BRAM J, ANDERSON P, et al. Leveraging intellect[J]. Academy of Management Executive, 1996, 10(3): 6-26.

④ BECKMAN T. Implementing the knowledge organization in government[A]. In: Beckman T. 10th National Conference on Federal Quality[C]. Washington: Paper and Presentation, 1997.

⑤ 丁家永.知识的本质新论——一种认知心理学的观点[J].南京师大学报(社会科学版),1998(2): 65-68.

⑥ LEONARD B. The role of tacit knowledge in group innovation[J]. California Management Review, 1998, 40(3): 112-132.

⑦ 德鲁克.知识管理[M].易凌峰,译.北京:中国人民大学出版社,2000: 42-78.

⑧ BENDER S, FISH A. The transfer of knowledge and the retention of expertise: the continuing need for global assignments[J]. Journal of Knowledge management, 2000, 4(2): 125-137.

⑨ ALAVI M, LEIDNER D E. Knowledge management and knowledge management systems: Conceptual foundations and research issues[J]. MIS Quarterly, 2001, 25(1): 107-136.

⑩ ZACK M H. Developing a knowledge strategy[J]. California Management Review, 1999, 41(3): 125-145.

⑪ 林东清.知识共享理论与实务[M].北京:电子工业出版社,2005: 65-78.

态集合①。

目前,"知识"的定义丛林呈现多样化的特点,被普遍应用于各个学科领域。本书主要从管理学角度,认为知识是通过对数据和信息的提取、识别、分析和归纳转换而得到的系统化、结构化的数据和信息,它具有显性和隐性特征。

2. 知识的分类

为了进一步了解"知识"这一概念,首先需要对知识进行分类。

在对知识分类的研究中,最普遍的是根据知识的可显性程度来分类。Polyani 将知识分为显性知识和隐性知识②。显性知识是可定义、可获取的知识,而隐性知识是嵌入在个人的经验、判断和潜意识的心智模式内的知识。此后,野中郁次郎对此进行了深入的研究,认为显性知识和隐性知识可以互相转化,提出了知识转化模型——SECI 模型。此外,Alavi 等将隐性知识细分为认知型隐性知识和技巧型隐性知识③,高章存等将知识细分为显性知识、偏显性的灰性知识、偏隐性的灰性知识以及隐性知识,进一步丰富了知识的理论研究④。

知识的存储单位也是知识分类中较为多见的分类方式。Leonard 将知识分为个人知识和组织知识⑤。Nelson & Winter 等将知识分为个人知识、组织知识和群体知识⑥。野中郁次郎将知识分为个人知识和社会知识⑦。Long 等认为,知识可以分为个人知识、社会知识和结构知识⑧。郭睦庚将知识分为内部知识和外部知识⑨。

---

① ABSAI N, AZAD N, HAFASHJANI K. Information systems success: The quest for the dependent variable[J]. Uncertain Supply Chain Management, 2015, 3(2): 181-188.

② POLYANI M. The tacitdimension[M]. London: Routledgeand Kegan Paul, 1966, 54-62.

③ ALAVI M, LEIDNER D E. Knowledge management and knowledge management systems: Conceptual foundations and research issues[J]. MIS Quarterly, 2001, 25(1): 107-136.

④ 高章存,汤书昆.企业知识创造机理的认知心理学新探[J].管理学报,2010,7(1): 28-33.

⑤ LEORMARD B D. Wellsprings of knowledge: Building and sustaining the source of innovation [M]. Boston: Harvard Business School Press, 1995, 123-129.

⑥ BENDER S, FISH A. The transfer of knowledge and the retention of expertise: the continuing need for global assignments[J]. Journal of Knowledge management, 2000, 4(2): 125-137.

⑦ NONAKA I. A dynamic theory of organizational knowledge creation[J]. Organization Scinence, 1994, 5(1): 14-37.

⑧ 江媛,赵大丽.基于文献分析的知识分类研究[J].现代商业,2018(21): 178-179.

⑨ 郭睦庚.知识的分类及其管理[J].决策借鉴,2001(2): 11-14.

此外，Kought & Zander 从知识的可显现程度和存储单位两个维度对知识进行分类①。Alavi 等从表现形式的角度对知识进行了分类②。关涛等根据知识的嵌入性对知识进行了分类③。

二、知识管理

知识管理的思想虽然萌芽较早，但在 20 世纪 80 年代才被正式提出，成为组织积累知识财富，创造更多竞争力的利器。

1. 知识管理的发展

到目前为止，知识管理依然是一个发展中的概念，它是对知识、知识创造过程和知识的应用进行规划和管理的活动。1986 年，国际劳工组织会议的报告中首次使用了"知识管理"一词。1991 年，托马斯·斯图尔特（Thomas Stewart）发表了论文《脑力》，使得知识管理的概念开始广泛传播。1995 年，野中郁次郎和竹内弘高出版了图书《创造知识的企业》，标志着知识管理理论的正式诞生。此后，世界各国学者对知识管理理论进行着不断地扩充和发展。

知识管理专家达文波特（Thomas H. Davenport）将知识管理的发展划分为两个阶段。以技术为中心的第一代知识管理主要讨论的是企业如何通过对显性知识的整合和处理来形成核心竞争力④，解决组织发展过程的各种问题⑤。这一阶段知识被看作是一种有形资产，涉及的理论包括信息管理理论、战略管理理论、核心竞争力理论等。第二代知识管理侧重于人力资源和过程的主动性，提倡通过构建学习环境和知识空间，加强个体之间的互动交流来促进知识的创造，依托的理论为人力资本理论、生命周期理论、嵌套知识域理论和复杂性理论；Metaxiotis Kostas 等人将知识管理的研究划分为三个阶段：以个体知识为核心的时期、以群体知识为核心

① KOGUT B, ZANDER U. Knowlesge of the firm, combination capability, and the replication of technology[J]. Organization Science, 1992, 3(3): 383-394.
② ALAVI M, LEIDNER D E. Knowledge management and knowledge management systems: Conceptual foundations and research issues[J]. MIS Quarterly, 2001, 25(1): 107-136.
③ 关涛, 薛求知, 秦一琼. 基于知识嵌入性的跨国公司知识转移管理——理论模型与实证分析[J]. 科学学研究, 2009, 27(1): 93-100,126.
④ TEECE D J, PISANO G, SHUEN A. Dynamic capabilities and strategic management[J]. Strategy Management Journal, 1997, 18(7): 509-533.
⑤ CARL F. Defining knowledge management[M]. New York: Computer World, 1998, 56-71.

的时期、知识系统的测度与应用期。在知识管理理论中,知识协同被看作是知识管理发展的最新阶段,即协同化发展阶段,此时知识管理体系中的各要素达成一种有效率的协同状态,能够将知识恰当地组织与传达出去①。

在知识管理的发展过程中也形成了不同的流派,大致可分为技术学派、行为学派、经济学派。技术学派强调运用信息技术手段,建立知识库系统,对知识进行管理;行为学派注重对知识工作者的管理,他们的研究偏向于组织间知识管理、企业知识战略等;经济学派主要针对企业知识资产,如专利、许可证、版权等的研究②。

当前国内外学者对于知识管理的研究热点主要集中在企业知识创新、隐性知识的显性化、跨国知识转移、大数据时代中的知识管理等领域。

2. 知识管理的内容

由于学者们对知识管理的概念界定角度不同,因此关于知识管理所包含的内容也有不同的理解。

基于知识演进基本过程,Wiig 认为知识管理包括知识的来源、编辑、转化、传播、应用和创造③;我国学者盛小平认为知识管理包括知识的生产、组织、传播、营销、应用、消费和人力资源管理④;也有学者提出知识管理包括知识创造、知识获取、知识分发和知识应用⑤,或者更为细化的知识的创造、获取、存储、识别、编码、转化、共享、传播和运用等⑥。

从知识管理的对象来看,尹继东认为知识管理主要包括信息管理、无形资产管理、职工教育与培训、人才管理等⑦;邱均平将知识管理研究分为基础

① LAURIE G,HOWELL P,HUGH H,et al.Knowledge collaboration for IT support[J]. HDI SAB Paper,2009(5):1-29.
② 储节旺.国内外知识管理理论发展与流派研究[J].图书情报工作,2007(4):80-83.
③ WIIG K. M. What future knowledge management users may expect[J]. Journal of Knowledge Management, 1999, 3(2):155-166.
④ 盛小平.论知识管理的实现[J].图书情报工作,2000(7):39-41,36.
⑤ 李敏.面向 21 世纪的知识经济管理[A].胡启恒.中国科学技术协会.新世纪、新机遇、新挑战——知识创新和高新技术产业发展(上册)[C].北京:中国科学技术协会,2001:148.
⑥ LIEBOWITZ M. A set of frameworks to aid the project manager in conceptualizing and implementing knowledge management initiatives [J]. International Journal of Project Management, 2003(3):27-36.
⑦ 尹继东.走向知识经济时代的管理变革趋势[J].当代财经,1998(11):20-24.

研究和应用研究，基础研究包括知识特性及运动规律研究、知识组织管理研究、知识信息管理研究、知识管理方法体系研究，应用研究指在各领域内对知识创新和管理的应用拓展①。

依据知识管理的目的，卡尔·维格将知识管理的内容划分为自上而下地监测和推动与知识有关的活动、创造和维护知识基础设施、更新组织和转化知识资产、使用知识以提高其价值。

从知识的特性角度，知识管理包括三个方面的研究：显性知识的管理研究、隐性知识的管理研究、显隐性知识转化的管理研究②。

3. 标准制定过程中的知识显隐性转化机制

一般而言，标准化工作是围绕着标准开发过程所展开的。目前被普遍接受的标准全生命周期过程由 Cargill 公司提出，它是一个五阶段的模型，包括：初始需求、基础标准开发、文件/产品开发、测试和用户执行反馈③；Söderström 认为标准开发的过程分为标准准备、标准制定、产品开发、标准执行、标准使用和标准反馈等④。De Vries 将标准化周期划分为标准需求期，标准开发期，标准实施，标准反馈期⑤。基于上述研究成果和对标准化的理解，本书在研究标准制定过程中的知识显隐形转化中，将标准开发的过程划分为标准潜伏期、标准准备期、标准制定期、标准实施期和标准反馈期五个阶段。其中标准潜伏期是一个新概念。标准准备期或者标准需求期都是标准制定的一个预阶段，此时的工作就以标准化为明确目的。而在标准化工作的最初始阶段，个体、企业和组织并没有流露出标准化意识，也没有察觉他们现在的行为正在为后续标准化工作的正式展开奠定基础，这个隐秘而重要的阶段就是标准潜伏期。

按照 SECI 模型，知识转化包括社会化、外部化、整合化和内部化四个过程，社会化过程中个体两两间的交流，使得隐性知识得以扩散，是知识转化的起始；外部化过程，个体聚集起来产生知识互动，知识的性质发生变化，由

---

① 邱均平，岳亚，段宇锋.论知识经济中的知识管理及其实施[J].图书情报知识，1999(3)：9-13.

② 王连娟，张跃先，张翼.知识管理[M].北京：人民邮电出版社，2016：78-97.

③ CARGILL C. A five-segment model for standardization[J]. Standards Policy for Information Infrastructure，1995：79-99.

④ SÖDERSTRÖM E. Formulating a general standards life cycle[J]. Advanced Information Systems Engineering，2004，13(2)：263-275.

⑤ DE VRIES H J. Standardisation Education[J]. Erim Report，2002，22：71-92.

隐性转化为显性;整合化过程,显性知识经再加工后成为有序的显性知识集;个体对显性知识集领悟后获得新的隐性知识的过程称为内部化。因此结合标准开发的程序与特点,基于 SECI 模型,将知识转化划分为知识创生、知识互动、知识整合、知识扩散和知识内化,并与标准开发过程一一对应,两个闭环过程相伴相生,呈螺旋式运作,见图 2-1。

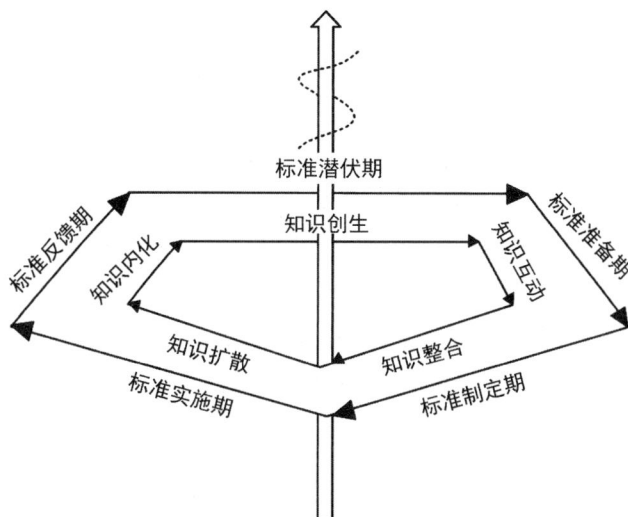

图 2-1　标准开发阶段中的知识转化过程

1) 标准知识创生

在标准潜伏期,知识来源于个体本身及外部,隐性知识通过个体之间面对面的交流进行传播,这些隐性知识包括个人技能、惯用工作方式、未成形的研究设想等。隐性知识可以在同事或者上下属之间直接传递,或者部门员工在共同工作和实践中,不断地观察、模仿他人从而习得,最具代表性的是师徒制的学习方式,此时隐性的知识与技能零散地分布在创生场中,知识系统呈无序状态,部门成员在相互模仿学习中交换彼此的认知,从而逐步与他人达成相似的或统一的意识和行为。标准知识创生主要受到个体之间信任程度和情绪等主观因素的影响。此时标准化活动并非刻意而为,处于组织环境之中的个体也尚未意识到他们正在进行标准化行为。但是这些隐性知识的流动有助于提升组织员工的知识和技能水平,个体在交流过程中形成隐性的技术诀窍和管理经验,也更容易发现问题,产生新的标准化需求。标准知识创生过程见图 2-2。

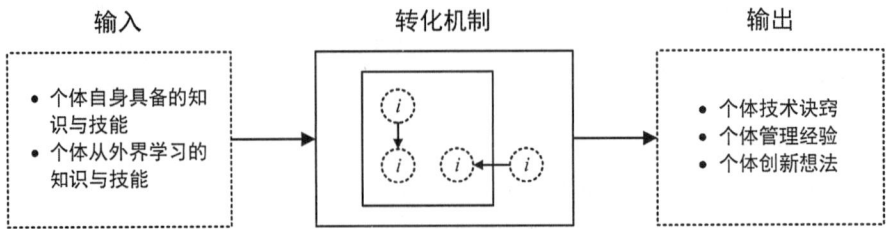

图 2-2　标准知识创生机制①

2）标准知识互动

标准准备期是隐性知识外化的阶段，外化即隐性知识转化为显性知识，发生了质的变化。在部门或者团队的会议或其他形式的互动之中，多个个体之间的隐性知识相互交流和碰撞，不仅分享自己想法，也分析讨论他人的观点。最终个体的思维模式和技能被转化成为团队内部的共同术语和概念，隐性知识经初步编码后显化，也就是形成文字记录、图表、概念、模型等。标准化准备期，个体的隐性知识上升为部门/团队的显性知识，部门的工作手册、技术手册、管理方案等等相应产生，此时知识系统呈低级有序。标准知识互动过程见图 2-3。

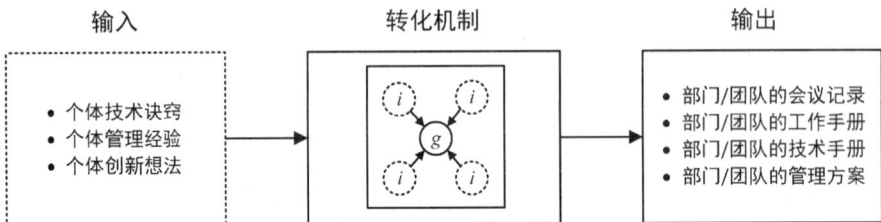

图 2-3　标准知识互动机制

3）标准知识整合

标准制定期是显性知识聚合成为更有序的显性知识集的阶段。在这个时期各部门/团队产生的新的显性知识整合成为各个企业/机构的更为有序的显性知识集，然后各个企业/机构通过派出代表参与标准草案的制定和投票，将各企业/机构的显性知识经协商一致后整合为高度有序的正式标准文件。标

---

① 注：i 表示个体，g 表示部门/团队，e 表示企业/机构，o 表示标准制定组织；虚线框表示隐性知识，实线框表示显性知识。后同。

准知识整合过程包括两个阶段,第一次整合是由部门/团队层面上升到企业/机构层面,第二次整合是由企业/机构层面上升到标准制定组织层面。第一次整合时,部门/团队的技术手册、管理方案等通过企业/机构的内部会议讨论整合后生成新的标准提案。第一次标准知识整合过程见图2-4。

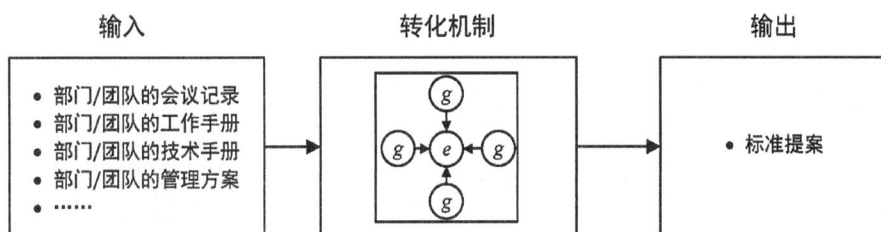

图 2-4 标准知识整合机制 1.0

第二次整合发生在标准提案上交至标准制定组织并通过后。标准文本作为一种协商一致的技术知识,制定中必须将制造商、生产方、客户等群体的知识进行整合运用,才能确保科学性和规范性。该过程需要调动行业上下以及其他利益相关方参与标准制定,并通过多轮集体会议、讨论等过程在组织内外部达成一致,将企业/机构的显性知识集转化为行业公认的经编码后的显性知识,由此才能将标准制定出来。在标准制定期,整个组织中生成系统化的显性知识,知识系统由低级有序发展为高级有序。第二次标准知识整合过程见图 2-5。

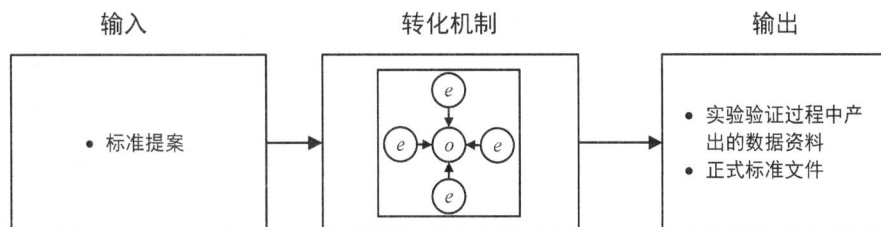

图 2-5 标准知识整合机制 2.0

4)标准知识扩散

在标准的实施期,正式标准制定完毕后,在整个行业内进行自愿采用,显性知识从标准制定组织层面落实到企业/机构层面。正式标准在组织内外部扩散和传播时,与环境和企业的交互作用中会引起不确定因素,偏离原有的短暂稳定性,知识系统产生涨落作用,由高级有序转变为中级有序,脱离平衡态。由于标准非强制性的特点,其他企业/机构采用时可能根据自身技术条件对原始标准进行适当地修改后采用。同时,标准在实践中可能会出现新的问题,由此企业/机构层面产生标准实施后的意见。标准知识扩散过程见图 2-6。

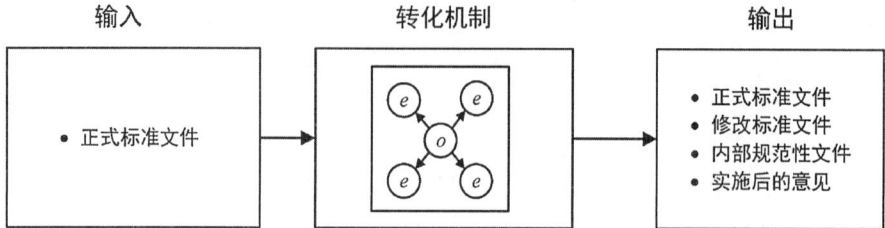

| 输入 | 转化机制 | 输出 |

图 2-6　标准知识扩散机制

5) 标准知识内化

标准开发过程的最后一个阶段是标准反馈期,此时,显性的知识通过实践又重新内化,由于个体对于知识的领悟和吸收能力不同,因此知识重新嵌入到个体的行为和头脑中,转化为个人主观的隐性知识。标准经过实践,相应的标准化产品进入市场,显性的标准知识及其衍生物扩散到更多的个体,建立起多维的知识交互网络。该阶段应适时评价和检查标准的适用性,针对问题查找原因,采取相应的改进措施和预防措施,并根据市场反馈和需求变化,更新或者废止标准。显性知识内化吸收为标准制定人员和标准使用人员的隐性知识,形成组织/企业/机构内的标准文化积累,为标准知识转化的下一个周期奠定基础,促进新标准的产生。当然此时的知识不同于知识创生时的隐性知识,而是一种得到升华后的个人智慧和工作经验。组织的知识系统呈有序中的无序状态,有序是因为经标准化之后个体的知识和技能呈整体上的协同一致,但是经过知识内化,个体又产生了无序的隐性知识,为下一次标准开发活动做准备。标准知识内化过程见图 2-7。

从知识创生到知识内化五个阶段,标准知识系统从无序到低级有序到高级有序到中级有序再到有序中的无序,知识存量也呈动态变化。组织知识存量＝显性知识存量＋隐性知识存量。在标准潜伏期,由于个体间的交互,隐性知识存量增加,显性知识存量不变,因此组织的知识存量上升;在标准准备期,个体间交流更为频繁且开始产生管理方案、技术手册等显性知识

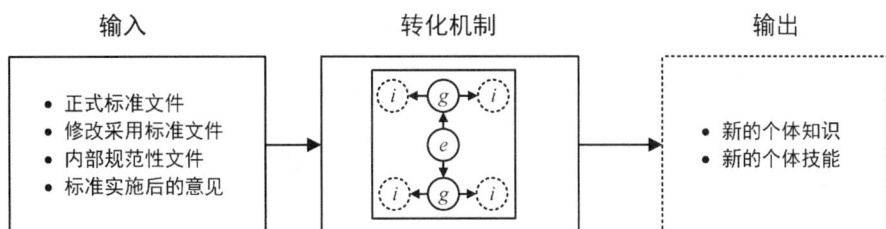

图 2-7 标准知识内化机制

集,隐性知识和显性知识同时递增,组织知识存量上升速率加快;在标准制定期,需要将显性知识清洗、筛选、整合,显性知识精简而准确地集合,显性知识存量下降,而隐性知识基本保持不变,因此组织的总知识存量下降;在标准实施期也就是知识扩散阶段,可能会产生多个由原始标准文件修改采用后的新标准文件,组织也会制定标准实施效益评价报告,显性知识增加,组织内隐性知识基本保持不变,因此组织知识存量上升;在标准的反馈期,经对市场和需求的进一步认识后,知识重新内化成为个体成员的隐性知识,此时显性知识存量不变,隐性知识大幅增加,因此总的知识存量呈上升状态。各阶段组织知识存量变化情况如图 2-8 所示。

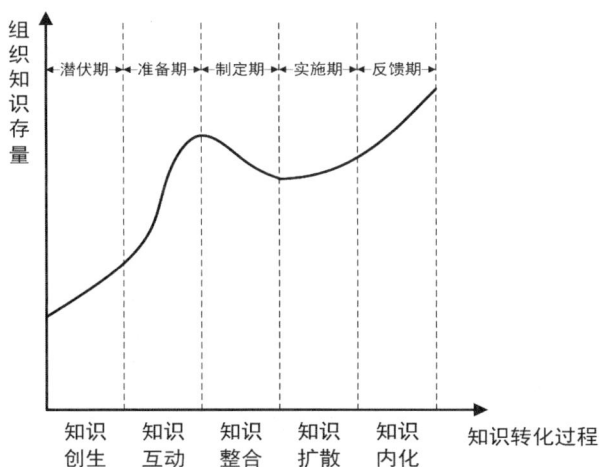

图 2-8 各阶段组织知识存量变化

三、对本研究的启示

在信息时代,知识工作者和其生产力成为最具价值的资产,对于组织和个人,知识管理都已经成为机遇和挑战并存的新型管理理念。知识管理理论中,根据不同的知识特性,应采用不同的策略进行知识管理。针对显性知识应采用编码化策略,将显性知识整理归纳成文档、图表的形式,在组织中重复公开使用;针对隐性知识应采用个人化策略,即尽可能让员工学习隐性知识,培养大量的专家。然而这些策略中都忽略了非常重要的知识协同,一种高级的网络化知识管理形式。当知识管理中的主体、客体、环境等在时间、空间上达到有效协同的状态,并实现在恰当的时间和空间将恰当的知识传递给恰当的对象并实现知识创新的多维动态过程时,我们认为达到了知识协同[1]。由知识管理理论可知,加强知识管理能力,可以使企业在动态环境中获得持续竞争优势,增加创新能力。知识协同作为知识管理的高级形式,能够对知识和知识载体进行有效地管理和充分地利用,获得协同效应,放大原有的知识管理效益和标准实施效益。

第三节 协同学理论

协同学也被称为协和学,是一门跨越自然科学和社会科学的新兴交叉学科(横断学科)。协同学的广泛适用性,使得协同学可以将某学科的研究快速推广到其他学科的同类研究中,因此,获得了许多学者的关注,在物理、社会、经济、管理等领域中都获得了很大的进展。

一、协同学的发展

协同学的创始人是德国斯图加特大学的教授赫尔曼·哈肯[2]。1971年,哈肯首次提出了"协同"的概念,并在次年形成了协同学的理论框架。1977年,哈肯编写的著作《协同学》正式出版,标志着协同学成为一门正式的学科。1978年,哈肯在《协同学:最新趋势与发展》中,将协同学的内容进行了扩大,并在1979年对于混沌现象研究基础上,进一步发展了协同学。1981年,哈肯在《20世纪80年代的物理思想》中表明,只要是开放系统,就可以在一定条件下呈现出非平衡的有序结构,即无论是宏观系统还是微观系统,都

---

① 佟泽华.知识协同的内涵探析[J].情报理论与实践,2011,34(11):11-15.
② 李敏.面向21世纪的知识经济管理[A].胡启恒.中国科学技术协会.新世纪、新机遇、新挑战——知识创新和高新技术产业发展(上册)[C].北京:中国科学技术协会,2001:148.

可以使用协同学理论来研究。而后,《高级协同学》以及由哈肯主编的多本关于协同学专著的出版,标志着协同学理论进入了成熟发展阶段。

协同学理论的出现和兴起引起了世界上很多学者的关注,迈克尔·波特、Gajda、Stank、Tyan、Khang、Cremer、Olemskoi 等将协同学理论运用到企业价值链、策略联盟、成员决策和运输管理等领域,成为管理学研究中的热点。

二、协同学的重要概念

1. 协同

协同(协同作用),是协同学中最基本的概念。一个由许多子系统构成的系统,如果子系统之间相互配合产生协同作用和合作效应,系统便处于自组织状态,在宏观和整体上会表现为具有一定的结构或功能。也就是说,协同是指元素对元素的相干能力,表现了元素在整体发展运行过程中协调与合作的性质。

2. 有序度

在不同的系统中都存在着有序与无序的矛盾。有序和无序在一定条件下的对立统一形成了系统的秩序,即有序度。在协同学中,使用序参量来代表一个系统的有序度,用序参量的变化来描述系统内有序和无序矛盾的转化。

3. 序参量

序参量是影响系统有序的关键因素,描述了系统在时间的进程中会处于什么样的有序状态,具有什么样的有序结构和性能,运行于什么样的模式之中,以什么模式存在和变化。

三、协同学的基本原理

协同学是研究协同系统从无序到有序的演化规律的新兴综合性学科。协同系统是指由许多子系统组成的、能以自组织方式形成宏观的空间、时间或功能有序结构的开放系统[①]。协同学研究中面临着对两种现象的解释,一是有序的集体行为的发生,二是自组织行为的发生。对集体行为和自组织

---

① 李宗成.大协同系统及其进化方程和支配原理[J].系统工程,1993(5):25-36.

行为发生学的阐释就构成了协同学中的三个基本原理：自组织原理、支配原理和耗散结构原理①。

1. 自组织原理

自组织原理是协同学中最重要的核心理论。哈肯认为，组织依据进化形式可以分为他组织和自组织。他组织是靠外部指令而形成的组织系统；自组织是相对于他组织而言的，指不存在外部指令时，系统按照相互默契的某种规则，内生而自发地形成有序结构。自组织过程是开放系统的非平衡相变过程。不论是在宏观系统还是在微观系统，只要存在着开放系统，那么它就可以在一定条件下呈现出有序的结构。

根据自组织理论，知识系统的自组织特征主要包括以下几个方面：

第一，知识系统的自增强性。企业知识系统内部的知识能够在技术、资金、人力等要素的支撑下产生汇聚和增殖，来达到知识系统的"自生长"目的。同时企业随着规模的扩大和竞争压力增大，与同行企业进行着更为频繁的交流、学习和模仿，因此企业知识系统不断地进行着自增强。

第二，知识系统的自调整性。企业是一个有机整体，其内部各个部门并非是独立的，它们进行着共同决策与行动，这种共识和潜移默化的行为准则能够促进企业调整自己的战略目标，促进部门之间的稳定合作，从而保证了企业知识系统的一致性和协调稳定性。

第三，知识系统对环境的自适应性。知识系统在自组织演化过程中往往会伴随一些新的组织形态和新功能的出现。企业知识系统内部会根据外部环境的不同变化做出相应的反应，例如根据市场需求的变化及时调整知识战略方向、加速知识创新、变革知识系统的组织结构等等。总之，企业知识系统能够根据外部环境的变化进行自我调整，这种对外界环境的自适应性能够有效促进企业知识系统的有序发展。

第四，知识系统的迭代趋优性。企业知识系统的自组织演化是一个动态的循环发展过程，其在远离平衡态的区域反复迭代，逐步有序。企业知识系统从出现到形成再到升级优化，需要历经无数次的突变。当发生突变时，系统经过自重组、自调整，逐渐达到一个平衡点，进而使系统处于一个相对稳定的状态，随后又会发生新的突变，经过无数次的迭代循环过程，企业知

---

① 李汉卿.协同治理理论探析[J].理论月刊,2014(1)：138-142.

识系统逐步实现高级有序化[①]。

2. 支配原理

支配原理又被称为役使原理或伺服原理,以"序参数"为核心。用一句话来概括,支配原理描述的就是快变量服从慢变量,序参量支配子系统的宏观行为和有序化程度。序参量是一种描述宏观系统有序度的一个参数,它代表着宏观系统的序的状态,哈肯称之为"使一切事物有条不紊地组织起来的无形之手"[②]。哈肯引入"序参数"这一概念用来描述处于无序状态的系统是如何形成有序状态的系统。可以说,"序参数是系统相变前后所发生的质的飞跃的最突出标志,它是所有子系统对协同运动的贡献总和,是子系统介入协同运动程度的集中体现"[③]。换句话说,序参数由各个子系统的协作而产生,反过来,序参数又支配各个子系统,使系统形成了新的有序状态[④]。

哈肯认为,支配原理适用于任何自组织现象。支配原理揭示和阐明新系统结构形成的内在机制[⑤]。企业知识系统中,在系统参量变化趋近临界点的情况下,系统内各子系统间形成合作关系,彼此协同行动,此时序参量会在各知识子系统的协同作用下产生出来。序参量反过来会支配着知识元的行为,"役使"它们按知识系统演化的总趋向统一行动,众多的知识元与序参量相互配合,在其统驭下相互合作,彼此协调,统一行动,将系统引入一个新的状态——产生了知识系统整体的协同效应,从而由原有结构产生出新的有序结构,即新知识。综上可以归纳,基于支配原理,企业知识系统运作的内在机理为:系统内众多子系统形成合作从而产生序参量,在序参量的支配下,知识元进程排列与融合,形成新的知识,使企业知识系统产生新的有序结构[⑥]。

3. 耗散结构原理

耗散结构理论是 20 世纪 70 年代由物理学家普利高津建立并发展起来

① 仵凤清,付慧娴.基于自组织理论的创新集群形成机理研究[J].技术与创新管理,2019,40(4):448-456.

② 哈肯.协同学——大自然构成的奥秘[M].凌复华,译.上海:上海译文出版社,2005,33-52.

③ 王贵友.从混沌到有序——协同学简介[M].武汉:湖北人民出版社,1987,55-59.

④ 李汉卿.协同治理理论探析[J].理论月刊,2014(1):138-142.

⑤ 张立荣,冷向明.协同治理与我国公共危机管理模式创新——基于协同理论的视角[J].华中师范大学学报(人文社会科学版),2008(2):11-19.

⑥ 姜岚.基于协同学视角的知识创新内在机理研究[J].江苏科技信息,2016(31):38-41.

的一种系统理论。其研究对象主要是复杂自组织系统（生命系统、社会系统）的形成与发展机制问题，即在一定条件下，系统是如何自动地由无序走向有序，由低级有序走向高级有序的。耗散结构理论认为某一系统形成自组织的有序结构需具备以下前提条件：系统的开放性、远离平衡态、非线性相互作用，存在涨落现象。企业内部的知识系统作为企业管理的子系统，可以认为是一个受内外部环境影响的、动态演变的、由无序到有序、由旧结构向新结构迭代的非线性系统。耗散理论中企业的知识系统有这样的几大特性：

第一，企业知识系统的开放性。知识系统受到企业内部的管理制度、创新活动、人员调度、文化积淀等的影响，同时也不断地与外部环境进行协同演化，涉及外部知识获取、企业内部知识的创新与输出等。因此，企业知识系统中不仅存在着内部职能部门及上下层级之间的知识转化，更存在着企业与客户、供应商、学研机构、产业联盟甚至是政府之间的知识转化。同时知识本身的传播方向具有不确定性和延伸性，所以企业知识是一个开放系统，企业知识系统的开放性也为其获取自组织所需的负熵提供了条件①。

第二，企业知识系统的非平衡性。企业知识系统的非平衡性首先可以体现在部门、个体之间知识分布的不平衡。由于企业资源有限，物质、信息和机会等在各职能部门间分配不均衡，且部门内部中的个体对于知识的吸收能力也不尽相同，因此知识在企业内部职能部门甚至每个个体之间的分布是不均衡的。同时企业知识系统本身就处于一个内外部双向交互的环境之中，环境的不稳定性以及企业知识能力的动态性导致企业不断地适应环境变化，产生的新知识进一步加速企业知识多项流动②，企业知识系统经历着从无序到有序，从低级有序走向高级有序的演化过程。若将系统划分为许多"小局域"，那么在一个短时刻内可以认为企业知识系统达到了局部的均匀和平衡，但从整体来看，企业知识是一个始终朝着远离平衡的方向动态演进的系统。

第三，企业知识系统的非线性。一个线性系统满足叠加性质，即在给定地点与时间，由两个或多个因素产生的合成效应是由这几个因素单独产生

---

① 孙锐，赵大丽.企业知识创新过程的自组织演化[J].商业时代，2008(18)：41-42.
② 付锦蓉.大数据环境下的知识自组织模型研究[D].哈尔滨：黑龙江大学，2015：21-32.

的效应之和。知识系统是一个多层次、多因素、开放性和非平衡的复杂系统,系统的输入输出具备非线性特征,知识系统内部的各个因素之间相互作用、相互影响、相互促进或制约,使得其产生突变、耦合或发散。在企业内部,新旧知识之间的协同与矛盾,人与人之间的合作与冲突,最终导致知识系统产生非线性的增加或减少,这显然不满足叠加性质,企业知识也绝不是简单的"1+1=2"的线性系统。知识元素之间运动的非线性也保证了企业知识系统一直处于自组织的状态。

第四,企业知识系统的涨落性。耗散结构理论中的"涨落",是指系统的某个变量或某种行为对原有稳定性的偏离,涨落是偶然的、杂乱无章的、随机的。涨落性表现了企业知识系统非稳定性的一个因素,企业知识系统处于不稳定状态时,系统中的某个因素或行为对平均值必然发生偏离,在知识系统接近平衡态时,系统会通过涨落现象使系统失稳,从而进入新的耗散结构。涨落作用从某种意义上可以认为是企业知识系统的一种驱动力,它对企业知识进行着创造性的"破坏",使其经历着不断地更新迭代。

四、对本研究的启示

协同学理论是系统科学的重要分支理论,主要研究的是不同事物的共同特征及其协同机理的学科。具体来说就是研究远离平衡态的开放系统在与外界发生物质和能量交换的情况下,如何通过自己内部协同作用,自发地出现时间、空间和功能上的有序结构,即描述各种系统和现象中从无序到有序的共同规律。技术标准联盟内部知识作为一个复杂性的开放系统,联盟内含主体、客体、环境等多种要素,有着多样化的特征,如果各种要素相互排斥,无法进行协作,那么系统就会呈无序混沌状态,不能实现既定的整体性功能,最终瓦解。相反,如果联盟的知识系统中的要素相互配合,会额外产生合力效应,达到"1+1>2"的协同效果,最终将呈现出一个有序且功能强大的知识系统。从协同学的角度看,知识协同就是知识系统在内外部的双重交互作用下,朝有序化的方向发展的结果。一个高效协同的知识系统,能够最大程度发挥每一个内部个体的能力并在协同过程中帮助其成长,群策群力,加快知识创新并扩大知识管理的效应。协同学理论为知识管理理论的拓展,以及研究现实中联盟内知识协同的过程提供了新的思维模式和理论视角,具有启迪意义。

第三章
技术标准联盟的知识协同模型构建与关系假设

第一节 技术标准联盟的知识协同模型

一、知识协同过程分析

在现有研究中,国内外学者从多个角度——知识资源、集群、要素、产学研、流程、供应链等,对知识协同的过程进行了研究。虽然内容不尽相同,但多依据知识管理流程并结合知识协同特征而进行划分。本研究基于相关理论和现有研究,根据知识协同的内在机理,将技术标准联盟的知识协同过程分为知识吸收、知识转移、知识整合、知识运用和知识创新几个阶段。

在知识吸收阶段,技术标准联盟内的企业识别并获取自身所需要的知识,知识的内容包括技术、市场、管理等方面,知识的来源包括技术标准联盟外部的知识、技术标准联盟内部的共有知识、企业自身创造但未被获取的新知识。

在知识转移阶段,技术标准联盟内的企业使用线下和线上相结合的方式,通过观摩交流、培训学习、考察访问等知识活动,使知识可以进行动态循环往复流动。

在知识整合阶段,技术标准联盟内的企业运用科学的方法对联盟内零散的、无序的知识进行梳理,对不同来源、层次、结构和内容的知识进行集成和重新组合。

在知识运用阶段,技术标准联盟内的企业将通过各种途径充分和有效地将知识实际应用到企业工作中,从而规避错误、对接新知识和创造新知识。

在知识创新阶段,技术标准联盟内的企业在知识吸收、转移、整合、应用的基础上,探索新的规律,创造并拥有新知识。

二、模型构建

根据上文,本研究构建了技术标准联盟的知识协同过程模型,见图3-1。

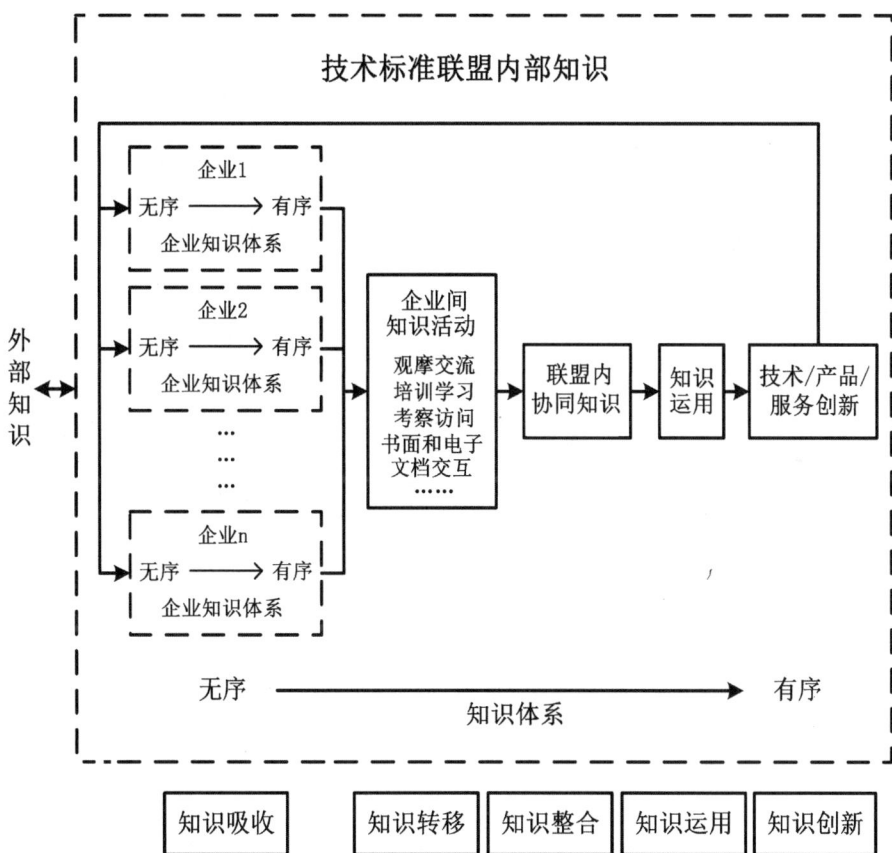

图 3-1　技术标准联盟的知识协同过程模型

在技术标准联盟的知识协同过程中,知识的来源包括联盟外部知识和联盟内部知识。因此,知识协同既包括内外部知识的协同,也包括联盟内部组织之间的协同,本书的研究主要聚焦联盟内部知识协同与标准实施的效益。

技术标准联盟的知识协同是一个循环的过程,在知识协同过程中,知识从单一、无序的状态变为有序,使得企业可以获得更多的竞争优势,从而提高绩效。在高度不确定的环境中,企业战略柔性的实现不仅要保持资源柔性,还需要强大而高效的资源利用能力。因此,战略柔性是企业识别外部环境变化,在应对变化的过程中快速地投入资源以及运用资源的能力。基于以上观点,本研究认为战略柔性是组织占有和控制稀缺性资源以及高效配置和利用资源的能力,并从资源柔性和能力柔性两个方面,考虑对标准实施绩效的影响。

基于以上内容,本书提出了技术标准联盟的知识协同对标准实施效益的模型,见图 3-2。

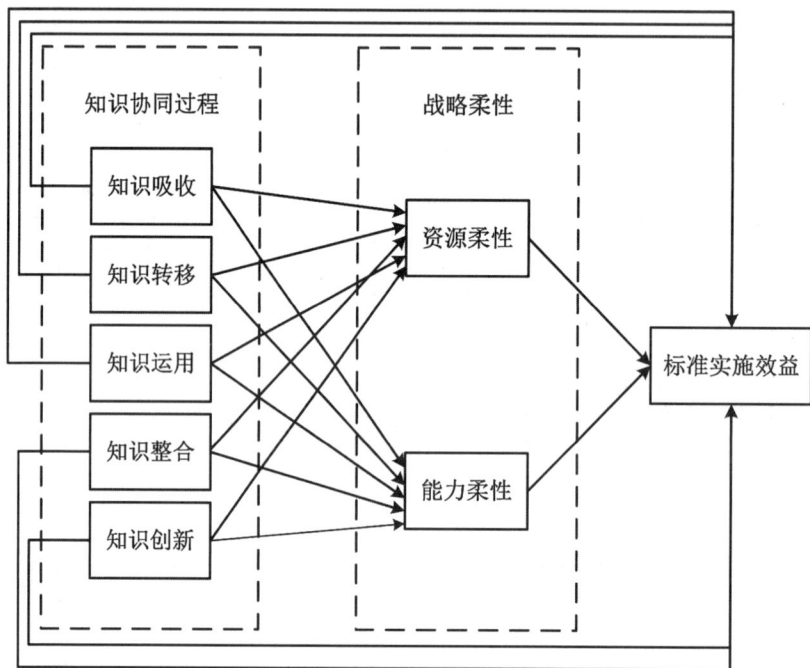

图 3-2 模型图

第二节 相关变量内涵界定

一、知识协同

知识管理、协同学理论的发展为知识协同提供了思想、理论与方法的基础。知识协同的过程事实上也是通过提高知识流动和共享效率,促进知识增值的过程。

1. 知识吸收

关于知识吸收的界定有狭义和广义之分,狭义的知识吸收仅包括从外部吸收知识,广义的知识吸收还包含了内部知识的积累。本研究重点关注外部知识吸收。外部知识吸收指的是知识源来自组织外部资源的知识[①]。与内部知识相比,外部知识更具独特性和稀缺性,且知识来源的局限性较小[②]。Cassiman & Veugelers 从供应链角度,提出外部知识吸收不仅仅是积极寻求与知识相关的资源的过程,还是与其他组织密切合作的互动和迭代过程[③]。李艳华认为外部知识吸收包括对知识的搜索与评估、建立基于知识流动的外部联系、确定获取模式、管理知识流动界面和促进内外部知识互动[④]。

知识吸收是组织在知识协同时从外部输入知识的第一个过程,是组织接受和运用新知识的必经之路[⑤]。Cohen & Levinthal 等认为知识吸收是企业对外部新知识的评估、消化和应用[⑥]。Gilbert & Cordey 认为知识吸收是指接受者与转移者达到相同知识的类似认知[⑦]。Soo 等认为知识吸收是企业在内外部团体互动中所获得的知识[⑧]。Norman 从战略联盟的角度,认为知识吸收是企业与联盟内其他企业在持续期间内学习和获取的技能与知

---

① HOLSAPPLE M, SINGH H. The knowledge chain mode: Activities for competitiveness[J]. Expert Systems with Applications, 2001, 17(6): 299 - 312.

② 吴素文,成思危,孙东川等.基于知识特性的组织学习研究[J].科学学与科学技术管理,2003(5): 95 - 99.

③ CASSIMAN B, VEUGELERS R. In search of complementarity in innovation strategy: Internal R&D and external knowledge acquisition[J]. Management Science, 2006, 52(1): 68 - 82.

④ 李艳华.知识获取与技术能力提升[M].北京:经济科学出版社,2011: 34 - 54.

⑤ CROSSAN M M, LANE H W, WHITE R E. An organizational learning framework: From intuition to institution[J]. Academy of Management Review, 1999, 24(3): 522 - 537.

⑥ COHEN W M, LEVINTHAL D A. Absorptive capacity: A new perspective on learning and innovation[J]. Administrative science quarterly, 1990, 35(1): 128 - 152.

⑦ GILBERT S, CORDEY N. Understanding the process of knowledge transfer to achieve successful technological innovation[J]. Technovation, 1996, 16(6): 301 - 312.

⑧ SOO C, DEVINNEY T, MIDGLEY D, et al. Knowledge Management: Philosophy, processes and pitfalls[J]. California Management Review, 2002, 44(4): 129 - 150.

识①。王立生和吴晓冰分别基于制造业企业和集群企业,提出知识吸收是企业在与其他企业来往过程中对相关知识的取得、理解和应用②③。姚瑞从创新网络的角度,认为知识吸收是一个动态的过程,是组织不断学习的重要组成部分④。

在现有的研究中,较多学者认为知识是附着在主体上的,知识吸收是知识的接受者获得来自知识转移者的知识。根据知识接受者所在的层面,可以从个体、团队和组织层面去研究。知识不能脱离人而存在⑤,团队和组织层面的知识吸收需要通过个体的知识吸收,知识吸收是个人在参与过程中对知识进行传播的过程⑥。本研究也将主要关注组织层面上企业的知识吸收。在组织层面上,企业知识吸收的主要目的是获取企业所需的新知识,企业的任何部分吸收了可能有用的知识,就认为知识吸收发生了⑦;知识吸收是企业靠近知识源并通过某种方式搜索、评估和获取新知识的过程⑧。此外,有学者发现在战略联盟中,企业可以获得无合作情况下的无法获得的知识⑨。

基于以上观点,本研究从技术标准联盟的角度,关注知识的外部吸收,认为知识吸收是技术标准联盟内企业在与其他企业交往过程中,学习和获取知识的动态过程,并侧重于知识的识别能力和吸收能力。

2. 知识转移

知识转移是知识协同的重要途径和渠道,目前的研究主要通过过程、内

① NORMAN P M. Knowledge acquisition, knowledge loss, and satisfaction in high technology alliances[J]. Journal of Business Research, 2004, 57(6): 610 - 619.
② 王立生.社会资本、吸收能力对知识获取和创新绩效的影响研究[D].杭州:浙江大学,2007: 22 - 44.
③ 吴晓冰.集群企业创新网络特征、知识获取及创新绩效关系研究[D].浙江大学,2009:27 - 31.
④ 姚瑞.基于资源的创新网络与知识获取关系研究[D].长春:吉林大学,2011:15 - 18.
⑤ ALAVI M, LEIDNER D E. Knowledge management and knowledge management systems: Conceptual foundations and research issues[J]. MIS Quarterly, 2001, 25(1): 107 - 136.
⑥ 王希泉,申俊龙,墨绍山.中小企业创业导向与技术创新绩效的影响研究——基于知识获取与整合的视角[J].华东经济管理,2014,28(4):92 - 97.
⑦ HUBER G P. Organizational learning, the contributing processes and the literatures[J]. Organization Science, 1991(3): 88 - 115.
⑧ ZAHRA S A, GEORGE G. Absorptive capacity: A review, re-conceptualization and extension [J]. The Academy of Management Review, 2002, 27(2): 185 - 203.
⑨ INKPEN A C, DINUR A. Knowledge management processes and international joint ventures [J]. Organization Science, 1998, 9(4): 454 - 468.

容和主体的角度对其进行定义。

　　过程的角度。Szulanski 认为知识转移是知识源和知识接收者有目标、有计划地分享交流双方知识和技术的过程[①]。Gilbert & Cordey 认为知识转移是伴随着组织学习而发生的动态过程[②]。Davenport 提出知识转移是指知识的输出过程与吸收过程的统一体,将知识转移用"知识转移＝知识传送＋知识接收"来表达[③]。经济合作与发展组织(Organization for Economic Co-operation and Development,OCED)在 2000 年指出知识转移是专业知识在人与人之间的传播过程。Kalling 等学者认为知识转移是互动学习的过程[④],对知识的控制或知识本身从一方传递到另外一方,是一个包含知识重构与重组的复杂过程[⑤]。Kang 指出,知识转移是知识源将知识传送给知识接收者且被知识接收者加以消化理解、融合及应用的过程[⑥]。

　　内容的角度。Bloodgood 认为知识转移是指知识在不同组织或个体之间的转移或传播[⑦]。吴婷婷认为知识转移包括知识吸收和知识转化[⑧],李子叶、冯根福则认为知识转移包括知识的传递和创造性使用[⑨]。

　　主体的角度。知识转移是知识在知识主体之间的相互传递[⑩],存在于个

① SZULANSKI G. Exploring internal stickiness: Impediments to the transfer of best Practice within the firm[J]. Strategic Management Journal, 1996, 17(S): 27 - 43.

② GILBERT S, CORDEY N. Understanding the process of knowledge transfer to achieve successful technological innovation[J]. Technovation, 1996, 16(6): 301 - 312.

③ DAVENPORT T H. Ten principles of knowledge management and four case studies[J]. Knowledge and Process Management, 1997, 4(3): 187 - 208.

④ KALLING T. Organization-internal transfer of knowledge and the role of motivation: A qualitative case study[J]. Knowledge & Process Management, 2003, 10(2): 115 - 126.

⑤ FORSMAN M, SOLITANDER N. Knowledge transfer in clusters and networks[J]. Journal of International Business, 2003, 15(3): 1 - 23.

⑥ KANG J, RHEE M, KANG K H. Revisiting knowledge transfer: Effects of knowledge characteristics on organizational effort for knowledge transfer [J]. Expert Systems with Applications, 2010, 37(12): 8155 - 8160.

⑦ BLOODGOOD J M, SALISBURY W D. Understanding the influence of organizational change strategies on information technology and knowledge management strategies[J]. Decision Support Systems, 2001(1): 55 - 69.

⑧ 吴婷婷.情报工作中知识转移的影响因素和模式研究[D].南京:南京理工大学,2009:31 - 39.

⑨ 李子叶,冯根福.组织内部知识转移机制、组织结构与创新绩效的关系[J].经济管理,2013:35(1):130 - 141.

⑩ 邬伟娥.知识转移视角的大学学术生产力研究[D].杭州:浙江大学,2006:15 - 19.

体、团队和组织之中[①]。在知识转移过程中，知识源和接收者可以是个人、个人与群体以及群体之间[②]。Singley 等在组织知识转移的研究中认为，知识转移是将一个组织的知识应用于另一个组织，既可以是企业内部不同组织之间的转移，也可以是企业之间的转移[③]。在企业间知识转移的理论和实践研究中，学者们的研究主要包括了供应链企业间、合作创新企业间、知识联盟企业间、战略联盟企业间、项目合作企业间、电子商务企业间、服务业企业间、跨国企业母子公司间、产业集群内企业间等。肖冬平等基于链式复杂网络，提出知识转移主要表现为组织之间的知识流动[④]。杨光等学者的研究发现战略联盟是知识的交流平台和沟通渠道，实现了企业间的知识转移[⑤]，其表现为企业间日常业务往来时发生的互动行为，企业知识的载体是个人[⑥]。张红兵认为知识转移是指联盟企业向合作伙伴学习，包括知识获取、整合及应用的全部过程[⑦]。

在组织层面的知识转移过程的理论模型中，Nonaka 和 Takeuchi 的SECI 模型、Szulanski 的四阶段模型和 Gilbert 的五步骤模型应用较为广泛，影响深远。Szulanski 的四阶段模型和 Gilbert 的五步骤模型是将知识转移看成是一个过程并将其分为不同阶段。SECI 模型指出知识的创造过程实质上表现为一个螺旋上升的过程，隐性知识与显性知识在该过程中不断地通过"社会化—外部化—整合化—内在化"四种模式循环替代，形成了隐性知识和显性知识的不断转化与重组的良性循环，从而实现知识创造在个人、团队、组织与组织间的良性循环，为知识转移的研究提供了理论依据。

① 魏江，王铜安.个体、群组、组之间知识转移影响因素的实证研究[J].科学学研究,2006,24(1):91-97.
② KARLSEN J T, GOTTSCHALK P. Factors affecting knowledge transfer in IT projects[J]. Engineering Management Journal, 2004, 16(1): 3-11.
③ SINGLEY M K, ANDERSON J R. The transfer of cognitive skill[M]. Boston: Havard University Press, 1989: 11-13.
④ 肖冬平，顾新.基于自组织理论的知识网络结构演化研究[J].科技进步与对策,2009,26(19):168-172.
⑤ 杨光，卢兵.战略联盟中知识转移的管理要素分析[J].科技进步与对策,2009,26(23):154-157.
⑥ 张锦宏，姜骞.战略联盟知识转移数理模型[J].中国商贸,2010(4):71-72.
⑦ 张红兵.知识转移对联盟企业创新绩效的作用机理——以战略柔性为中介[J].科研管理,2015,36(7):1-9.

基于以上观点,本研究认为技术标准联盟内的知识转移是知识在联盟内企业主体之间动态的循环往复流动的过程,其转移的知识以技术性知识为主,但也不排除企业运营的经验、实践的心得等隐性知识。

3. 知识整合

1990 年,Henderson 和 Clark 首次提出了知识整合的概念,在此之后,知识整合的概念被国内外学者不断完善。对文献进行梳理后可发现,现有研究主要可以分为过程和能力两个角度。

过程角度。Henderson 和 Clark 认为在产品创新的过程中,对企业现有知识的重新配置过程就是知识整合[①]。Demsetz 认为知识整合是个人在运用知识时,把自己精通的知识结合在一起的过程[②],知识整合既对既有知识组合也对潜在知识组合[③]。Grant 认为知识整合是组合一般化和专业化知识的过程[④]。Inpken 的研究发现知识整合是企业通过正式和非正式关系促进知识的交流与共享,从而使知识由个人到团队,最终上升至企业知识的螺旋化过程[⑤]。Volverda 从作用的角度,认为知识整合是企业为了加强企业内部(包括价值和文化)的一致性,以及提升系统运作和工作效率的协调活动[⑥]。颜晓峰认为知识整合是在创新实施的过程中实现知识的动态整合过程[⑦]。Huang 等认为知识整合是通过组织成员间的交往行为,对已成形的信念进行系统化的集成过程[⑧]。杜静的研究发现知识整合是通过对不同来源、载体、内容和形式的知识

① HENDERSON R M, CLARK K B. Architectural Innovation: The reconfiguration of existing product technologies and the failure of established firms[J]. Administrative Science Quarterly, 1990, 35(1): 9 - 30.

② DEMSETZ H. Theory of the Firm Revisited[M]. London: Oxford University Press, 1991: 44 - 49.

③ KOGUT B, ZANDER U. Knowlesge of the firm, combination capability, and the replication of technology[J]. Organization Science, 1992, 3(3): 383 - 394.

④ GRANT R M. Toward a knowledge-based theory of the firm[J]. Strategic Management Journal, 1996, 17(2): 109 - 122.

⑤ INKPEN A C. Creating Knowledge through Collaboration[J]. California Management Review, 1996, 39(1): 123 - 140.

⑥ VOLBERDA H W, DEBOER M, BOSCH F A J. Managing organizational knowledge integration in the emerging multimedia complex[J]. Journal of Management Studies, 1999, 36(3): 379 - 398.

⑦ 颜晓峰.知识创新的整合性[J].山西大学学报(社会科学版),2000(4): 9 - 13.

⑧ HUANG W, MILLE A. ConKMeL: A ontextual knowledge management framework to support multimedia e-Learning [C]. International Symposium on Multimedia Software Engineering. IEEE, 2003.

进行排列组合、交叉并创造出新知识的过程①。Yang 认为知识整合是企业间对知识进行改变、创造、共享和储存的过程②。李艳飞从网络的视角，提出知识整合是组织通过知识网络、团队学习等方式，实现知识转化和集成的过程③。

能力角度。Cohen 等提出知识整合是企业有选择地吸收外部知识并运用到企业的生产中为其创造价值的能力④，组织的知识整合能力包括外部快速变化环境下的客户知识整合能力和技术不断更新的环境下的技术知识整合能力⑤。在这个过程中，企业识别并利用知识，对组织现有知识进行重组，形成新的知识⑥。高巍等认为知识整合是在扩大有限的知识库的情况下，改变并提升知识结构，从而提高知识价值的能力⑦；是企业间获取、共享、利用知识，并创造新知识的一种重要能力⑧，它能对已有知识进行重新排列组合，以产生新知识，将其运用到生产中，能为企业创造价值⑨。

基于以上观点，本研究认为技术标准联盟内的知识整合是企业运用科学的方法对联盟内零散的、无序的知识进行梳理，对不同来源、层次、结构和内容的知识进行集成和重新组合，形成具有知识协同作用的新知识体系。

4. 知识运用

March 把"运用"定义为对企业已有资源和竞争能力的充分使用⑩，

---

① 杜静.基于知识整合的企业技术能力提升机理和模式研究[D].杭州：浙江大学,2003：11－33.

② YANG J, CHEN Q. Evolution and evaluation in knowledge fusion system[M]. Artificial Intelligence and Knowledge Engineering Applications: A Bioinspired Approach. Springer Berlin Heidelberg, 2005, 134－137.

③ 李艳飞.创新联盟互动机制、知识整合能力与创新绩效[J].科学管理研究,2016,34(3)：84－87.

④ COHEN W M, LEVINTHAL D A. Absorptive capacity: A new perspective on learning and innovation[J]. Administrative science quarterly, 1990, 35(1): 128－152.

⑤ IANSITI M, CLARK K B. Integration and dynamic capability: Evidence from product development in automobiles and mainframe computers[J]. Industrial & Corporate Change, 1994, 3(3): 557－605.

⑥ GRANT R M. Toward a knowledge-based theory of the firm[J]. Strategic Management Journal, 1996, 17(2): 109－122.

⑦ 高巍,倪文斌.学习型组织知识整合研究[J].哈尔滨工业大学学报(社会科学版),2005(3)：86－91.

⑧ ELENA K, RÉBECCA D. Using an ontology for modeling decision-, making knowledge[J]. KES, 2012: 1553－1562.

⑨ 宁青青,李仲轶.环境嵌入、知识整合与集群企业创新能力关系的实证[J].统计与决策,2017(10)：182－185.

⑩ MARCH J G. Exploration and exploitation in organizational learning[J]. Organization Science, 1991, 2(1): 71－87.

Castafier 的观点是"运用"是为通过业务间的转移与共享以提高企业现有竞争能力的使用效率[①]。综合学者们的研究,可发现知识运用包括知识的充分运用和有效运用两个方面。知识运用是企业通过各种途径来有效地运用企业内外的各种知识,目标是实际地运用知识[②],是一种交流过程,也是知识进一步开发的基础[③]。从某种程度上看,知识运用是整合知识的过程[④],可以理解为对获取、吸收的新知识和已有知识进行整合并实际应用到生产工作中以不断解决问题或制定决策的过程[⑤],实质就是通过完善和拓展组织现有的竞争力、技术与范式来促进企业发展。Kogut & Zander 认为,知识运用是一个社会过程,企业中良好的员工关系、组织文化和组织结构会对知识的有效利用产生影响[⑥],在知识创造过程中,企业的主要作用就是把企业现有的知识运用于产品、服务的开发和生产[⑦]。由此可见,知识运用的重点在于寻找从根本上解决问题的知识源并加以储存管理,用知识连接困难、问题和方法、策略[⑧]。此外,Cohen & Levinthal 认为,不同技术含量的企业在知识的有效运用方面,也存在着一定的差异性,高技术企业知识运用程度的提高,必须要基于技术和经济的合理性[⑨]。

基于以上观点,本研究认为技术标准联盟的知识运用是知识协同的必要环节,是知识创新的基础,是企业通过各种途径充分和有效地将知识实际

① CASTAFIER J. Diversification as learning: The role of corporate exploitation and exploration under different environmental conditions in the US phone industry, 1979 - 2002[D]. A Ph. D. Thesis of the University of Minnesota, 2015: 21 - 24.

② BLOODGOOD J M, SALISBURY W D. Understanding the influence of organizational change strategies on information technology and knowledge management strategies[J]. Decision Support Systems, 2001(1): 55 - 69.

③ 吴婷婷.情报工作中知识转移的影响因素和模式研究[D].南京:南京理工大学,2009: 31 - 39.

④ ALAVI M, LEIDNER D E. Knowledge management and knowledge management systems: Conceptual foundations and research issues[J]. MIS Quarterly, 2001, 25(1): 107 - 136.

⑤ 傅利平,张出兰.基于企业技术能力及知识演化的技术引进消化吸收再创新过程机理研究[J].现代管理科学,2009(5): 32 - 34.

⑥ KOGUT B, ZANDER U. Knowlesge of the firm, combination capability, and the replication of technology[J]. Organization Science, 1992, 3(3): 383 - 394.

⑦ GRANT R M. Toward a knowledge-based theory of the firm[J]. Strategic Management Journal, 1996, 17(2): 109 - 122.

⑧ PARK K. A review of the knowledge management model based on an empirical survey of Korean experts[D]. Fukuoka-ken: Kyushu University, 2006: 11 - 16.

⑨ COHEN W M, LEVINTHAL D A. Absorptive capacity: A new perspective on learning and innovation[J]. Administrative science quarterly, 1990, 35(1): 128 - 152.

应用到企业工作中的过程。

5. 知识创新

知识积累分为静态和动态两种形式，其中动态积累就是知识创新[①]，即知识创新能够实现知识存量的扩张[②]。1912 年，熊彼特（Joseph Alois Schumpeter）提出了创新理论，而知识创新就是在此基础上发展起来的。国内外学者对知识创新的定义的研究可以分为广义和狭义两个方面。广义的知识创新是从知识创造、运用的角度来看的，包含技术创新、制度创新、管理创新等内容；狭义的知识创新仅指创造并拥有新知识的过程。

广义的知识创新以戴布拉·艾米顿（Debra M. Amidon）为代表。1993 年，戴布拉·艾米顿首先在其著作中提出了知识创新的概念，揭示了知识创新的发展路径，强调了知识创新的实际价值，他将知识创新定义为："为了企业的成功、国民经济的活力和社会进步，创造、演化、交换和应用新思想，使其转变成市场化的产品和服务。"[③]知识创新由一系列价值活动所构成，包含了从新创意的提出到实现商业化的全过程[④]。知识创新可以分为市场和组织内部两部分[⑤]，具体范围非常广泛，包括制度创新、产品创新、工艺创新等[⑥]，体现在最佳实践提升、经验的提升、产品和服务的知识性、专家网络、对客户的透彻理解、知识共享意识、知识利用方面和核心业务流程、组织架构、管理方式和文化理念要素中[⑦]。

狭义的知识创新以野中郁次郎为代表。野中郁次郎和竹内广隆分析了不同层面的知识，提出了 4 种知识创新的过程，并认为知识创新是在隐性知识和显性知识相互作用和相互转化中实现的动态过程，而隐性知识和显性知识的互动交流，使得低层次的知识向高层次转化，出现知识的螺旋上升现

---

① 杜静，魏江.知识存量的增长机理分析[J].科学学与科学技术管理，2004(1)：24 - 27.

② 刘劲杨.知识创新、技术创新与制度创新概念的再界定[J].科学学与科学技术管理，2002(5)：5 - 8.

③ AMIDON D M. Innovation strategy for the knowledge economy：The Ken Awakening[J]. Butterworth Heinemann，1999(7)：325 - 326.

④ 董纪昌，成金爱.知识创新的风险及其防范策略研究[J].管理评论，2007(8)：49 - 54,64.

⑤ YLI-RENKO，AUTIO E，SAPIENZA H J. Social capital，knowledge acquisition and knowledge exploitation in young technology-based firms[J]. Strategic Management Journal，2001(6)：587 - 613.

⑥ 张志鹏.基于企业文化认同的组织学习与知识创新[J].现代管理科学，2005(3)：91 - 92.

⑦ 蔡翔，严宗光.论知识创新与知识的创新[J].科技进步与对策，2001(11)：87 - 88.

象,进一步推动知识创新[1][2]。林东清认为,组织的知识创新是指使用培训、交流、互动等不同的方法来增进和强化原有的知识,或创新开发出原来不存在而对组织有价值的新知识[3]。也就是说,知识创新是通过激活、扩散、碰撞和整合知识,对知识和资源进行重新配置,产生新的思维和方法,最终实现价值增值的动态过程[4]。王俪颖进一步研究,发现知识创新是企业在知识吸收、应用、扩散的基础上探索新的规律,形成新的知识,与市场经济相结合,培育并提升核心竞争能力,形成竞争优势并获得经营成功的知识管理过程[5]。

本研究中所指的知识创新只是知识协同过程的一个阶段,且研究的知识协同过程中已包含知识运用,所以本研究采用狭义的知识创新定义,认为知识创新是企业在知识吸收、转移、整合、应用的基础上,探索新的规律,创造并拥有新知识的过程。

二、战略柔性

1965 年,Ansoff 首先提出了战略柔性的概念。此后,较多学者从企业的内部和外部环境的视角对战略柔性进行了研究。其中,一些学者从企业外部环境的视角对战略柔性进行了研究,认为战略柔性是对快速变化、不确定的环境做出反应,并采取有效方法进行应对的能力[6]。另一些学者从企业内部结构对战略柔性进行了研究,认为战略柔性是对企业资源进行重新确定、重新构造和重新配置的能力[7]。此外,学者们还依据权变理论、动态能力理论、竞争理论和资源理论等方面对战略柔性进行了研究。动态能力理论的

① NONAKA I, TAKEUCHI H. The knowledge-creating company [M]. Oxford: Oxford University Press, 1995: 111 - 121.

② NONAKA I, KONNO N. The concept of 'Ba': Building a foundation for knowledge creation [J]. California Management Review, 1999, 40(3): 37 - 59.

③ 林东清,李东.知识管理理论与实务[M].北京:电子工业出版社,2005: 23 - 44.

④ 史丽萍,唐书林.基于玻尔原子模型的知识创新新解[J].科学学研究,2011,29(12): 1797 - 1806, 1853.

⑤ 王俪颖.知识创新对竞争优势的影响研究[D].贵阳:贵州财经大学,2017: 31 - 35.

⑥ ABBOTT A, BANERJI K. Strategic flexibility and firm performance: The case of US based transnational corporations[J]. Global Journal of Flexible Systems Management, 2003, 4(1): 1 - 8.

⑦ 侯玉莲.不确定环境中的战略柔性[J].河北大学学报(哲学社会科学版),2004(1): 71 - 73.

观点认为，当企业面临高度不确定的环境时，企业应该发展自己的动态能力去整合、构建内外部资源来适应复杂的市场环境[①]，该理论将战略柔性分为资源柔性和能力柔性[②][③]。

1. 资源柔性

王迎军、王永贵研究发现资源柔性可以帮助企业解决在激烈变化的竞争环境中遇到的问题[④]。Matthew 认为资源柔性是企业适应环境变化的缓冲器，尤其是针对不确定性非常高的技术创新行为而言，资源柔性越高，企业应对不确定性因素的能力越强。资源柔性会限制企业战略行为的选择，也会影响企业资源的利用程度[⑤]。

资源可供使用的用途取决于企业自身的结构和类型，对于一些特定企业而言，企业对资源的了解和认知程度决定了资源在不同用途之间的转移时间、转移成本以及难易程度。资源柔性的核心在于它能支撑企业对环境的变化做出及时准确的反应，并采取与之相适应的行动。基于以上观点，本研究认为资源柔性是企业资源内在的所有权，是把资源应用到各种替代性的战略用途过程中体现出的协调能力。

2. 能力柔性

能力柔性的本质含义是发现资源的新用途，扩展资源的使用范围；辨明哪些资源是可以使用的；如何更好地使用这些资源[⑥]。杨锐从供应链物流的角度，认为能力柔性可以保持对环境变化的适应性和协调性，并在协调中获得生存与发展，体现在应对变化环境的响应速度和响应范围[⑦]。张德举从制

① TEECE D J, PISANO G, SHUEN A. Dynamic capabilities and strategic management[J]. Strategy Management Journal, 1997, 18(7): 509-533.
② TEECE D J, PISANO G, SHUEN A. Dynamic capabilities and strategic management[J]. Strategy Management Journal, 1997, 18(7): 509-533.
③ 王铁男，陈涛，贾榕霞.组织学习、战略柔性对企业绩效影响的实证研究[J].管理科学学报，2010，13(7): 42-59.
④ 王迎军，王永贵.动态环境下营造竞争优势的关键维度——基于资源的"战略柔性"透视(上)[J].外国经济与管理，2000(7): 2-5,12.
⑤ MATHEWS J A. Competitive advantages of the late comer firms: A resource-based account of industrial catch up strategies[J]. Asia-pacific Journal of Management, 2002, 19(4): 467-488.
⑥ SANCHEZ R. Preparing for an uncertain future: Managing organizations for strategic flexibility[J]. International Studies of Management &Organization, 1997, 27(2): 71-94.
⑦ 杨锐.供链物流能力柔性研究[D].武汉：华中科技大学，2007: 11-21.

造企业的运营角度,认为能力柔性是指制造系统及系统元件对产品多样性和系统内外各种变化及不确定性的适应能力[①]。

能力柔性实质上体现为企业对机会的识别和把握,以及企业对环境变化做出反应的时间和成本。能力柔性更能反映企业获取新资源的能力,以及发现和使用资源的能力,也能体现出企业在快速多变的环境中如何利用资源开展创新并获取收益的能力。基于以上观点,本研究认为能力柔性是企业在应对环境变化的过程中,采用探索方式寻找和配置各种有价值的资源,以使资源发挥更大的价值的能力。

三、标准实施效益

对于技术标准实施效益的评价在标准化研究中已经有了一定的基础,尤其在标准经济效益评价方面,出现了诸多的评价方法,现有的研究主要有管理综合评价[②]、柯布-道格拉斯生产率模型[③]、标准化产值贡献率法[④]、数据包络 DEA 模型[⑤]、ISO 标准经济效益评估方法[⑥]以及回归分析、结构方程模型[⑦]。其中,ISO 标准经济效益评估方法衡量的是标准对组织(企业)创造价值的影响,所以适合用于评价企业标准实施的经济效益。

ISO 标准经济效益评估方法是在借鉴了德国标准化协会的相关方法后提出的,基于价值链(VCA)分析,通过对价值链中每一环节的价值增值进行分析,层层剥离,来评估标准的经济效益。该方法为确定和量化标准对价值创造活动的影响提供了概念性的框架和工具。ISO 标准经济效益评估方法的主要目的:提供用于衡量标准对组织(企业)创造价值影响程度的评估方法;为决策者提供明确的和易于管理的标准应用准则;为评估特定行

---

① 张德举.制造企业运营能力柔性及提高途径[D].哈尔滨:哈尔滨工业大学,2008:18-27.

② 王敏.企业标准化经济效果的评价与略算[J].交通标准化,2003(Z1):50-51.

③ 于欣丽,宋敏,卢丽丽.企业标准化对产值贡献率研究初探[J].标准科学,2003(11):19-22.

④ 吴海英.标准化的经济效益评价[J].统计与决策,2005(13):31-31.

⑤ 元岳.高新技术企业技术标准化效益评价的 DEA 分析[J].商场现代化,2010(8):33-35.

⑥ ISO. Economic benefits of standards ISO Methodology2.0[M].深圳市市场监督管理局,深圳市标准技术研究院,译.北京:中国标准出版社,2013:4-6.

⑦ 刘唯真,方卫国.行业级标准化经济效益的评估方法[J].世界标准化与质量管理,2004(4):16-18.

业内标准经济效益的研究提供指导①。ISO 标准经济效益评估方法的步骤见图 3 - 3。

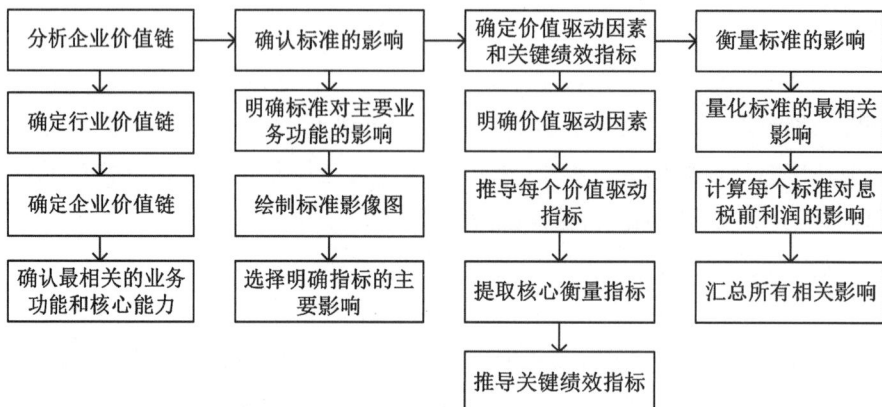

图 3 - 3 ISO 标准经济效益评价方法的步骤

1. 分析企业价值链

分析企业价值链需要将待研究的企业置于行业价值链的背景中,确认与企业最相关的业务功能以及参与价值创造的核心能力和关键活动。目前 ISO 主要使用制造业企业的价值链,见图 3 - 4,也可对其进行调整,应用于其他类型。

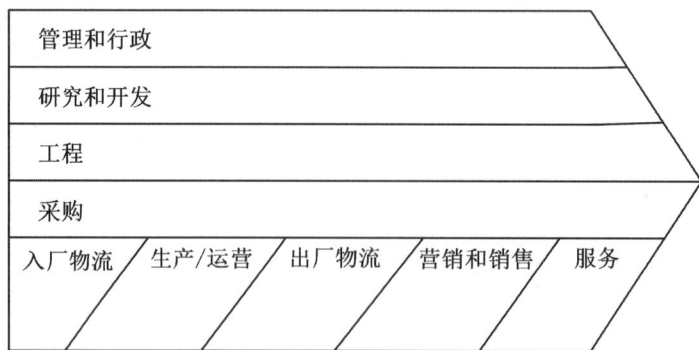

图 3 - 4 制造企业价值链

---

① 张光磊,刘善仕,彭娟.组织结构、知识吸收能力与研发团队创新绩效:一个跨层次的检验[J].研究与发展管理,2012,24(2):19 - 27.

2. 确认标准的影响

企业选择相关的指标,来确认标准对企业的主要业务功能和相关活动的影响。通过案例可知,标准影像图是最为实用和有效的工具。企业可以使用标准影像图,对采用标准前后的业务功能和相关活动进行比较,了解标准带来的影响。

此外,需要注意的是标准可能对企业的整体活动和业务功能有影响,也可能只对其中的某一特定阶段有影响,使用标准影像图可以将标准定位到各个阶段中去,有利于更清晰和准确地确认标准的影响,见图 3-5。

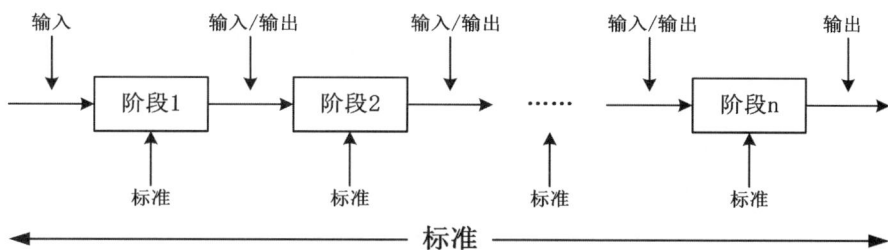

图 3-5 标准影像图

3. 确定价值驱动因素和关键绩效指标

首先,通过明确企业的价值驱动因素,把评估的重点放在评估与企业最相关标准的影响上。其次,推导出每一个价值驱动指标,从中提取出核心衡量指标。最后,推导关键绩效指标(KPIs),把标准的影响转化为成本的减少或收入的增加两种形式。表 3-1 是企业业务功能、主要活动及价值驱动因素的示例。

表 3-1 业务功能、主要活动及价值驱动因素(示例)

业务功能	价值驱动	关键活动(使用标准)
研究与开发	新产品设计精益求精	收集和广泛传播设计技术信息
生产	高性能柔性生产线	流线型和良好监控的生产过程
市场和销售	高市场与客户智能	市场准入信息和客户偏好信息可随时获得

4. 衡量标准的影响

将标准对选定的业务指标的影响中最相关的影响量化,计算每个标准对息税前利润(EBIT)的影响,最后对所有信息进行汇总。图 3-6 表明了价值驱动和用于量化标准最相关影响的指标之间的关系，以及如何将它们进行汇总。

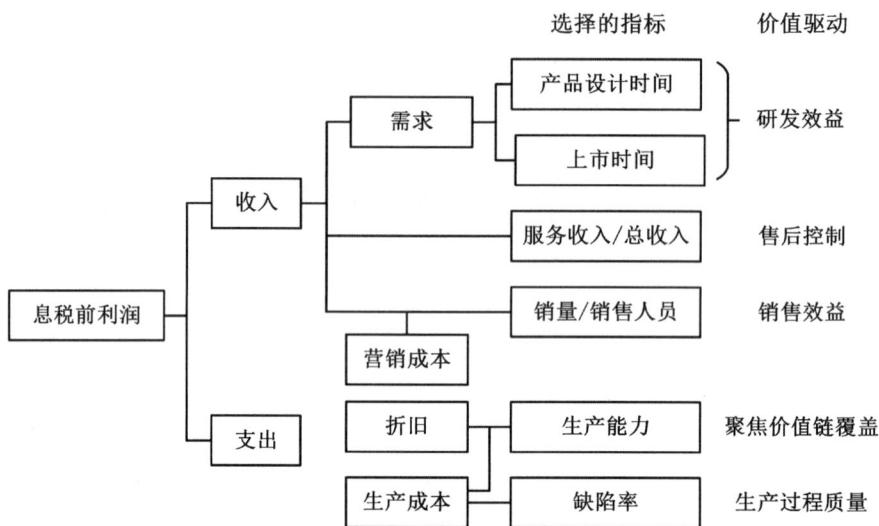

图 3-6　价值驱动和量化标准最相关影响的指标之间的关系

综上所述，本研究认为技术标准联盟内企业的标准实施效益是基于企业价值链的企业标准经济效益，包括经营管理、研究开发、采购、生产/运营、物流、营销与销售、服务这 7 个方面，且本书中研究的标准特指技术标准联盟所制定的联盟标准，不包括企业实施的国家、行业、地方以及企业标准。

第三节　关系假设

一、知识协同与标准实施效益

根据 ISO 的定义，技术标准是针对技术活动中需要统一协调的技术细节或技术方案所制定的标准，具有一定强制性要求或指导性功能。其目的是规范相关产品或服务达到一定的进入市场的要求或安全要求，是企业进行生产技术活动的基本依据，同时也是企业标准的主体。技术标准能够降低技术开发风险和解决消费者偏好的多样性的问题，是高技术产业发展的先导规则以及获得市场竞争力的重要手段。而明确技术标准的目的、检验技术标准的适用性、推动技术标准的发展都离不开技术标准的实施,可以说技术标准的生命和价值体现在实施。对技术标准联盟而言,标准实施效益是评价标准实施后取得的各种效益,是标准实施效果评价指标的关键组成部分,能够验证技术标准的合理性、正确性以及技术的先进性,进而实现进一步的改进。

1. 知识吸收与标准实施效益

知识吸收可以缓解资源、知识和能力匮乏的问题,是企业提高竞争优势的关键所在[①]。丰富的知识资源有助于企业不断提升自身学习的广度和深度,知识吸收可以推动企业的绩效增长。傅利平等指出从外部获取知识并加以吸收和运用可以降低企业的研发风险,有效增强企业的技术实力[②]。Audretsch对德国281家首次公开募股(Initial Public Offerings,IPO)企业进行实证研究,指出有效整合吸收的知识有助于企业形成自身智力资本,企业隐性知识的吸收和转化使得企业具有竞争优势,而且使竞争优势得以保持[③]。江旭等通过对中国的226家企业进行调研,发现外部知识吸收会促进企业绩效的提高,且新产品开发可以把从外部吸收的知识转化为具有很高商业价值的新产品和新服务,从而更为直接地促进企业绩效的提高[④]。王进伟在问卷调查后,得出企业的认知型和技能型隐性知识吸收对企业的盈利水平、成长潜力及相对业绩均有显著作用,同时可以推动企业的成长[⑤]。为了更好地从外界吸收知识,越来越多的企业通过战略联盟、合作网络等形式来从外界吸收知识,这不仅能提高企业的绩效,还能提高合作联盟的绩效。在开放的创新联盟中,知识吸收是提升吸收能力和创新绩效的基础[⑥]。

① 张光磊,刘善仕,彭娟.组织结构、知识吸收能力与研发团队创新绩效:一个跨层次的检验[J].研究与发展管理,2012,24(2):19-27.

② 傅利平,张出兰.基于企业技术能力及知识演化的技术引进消化吸收再创新过程机理研究[J].现代管理科学,2009(5):32-34.

③ AUDRETSCH D. Mans field's missing link:The impact of knowledge spillovers on firm growth[J]. Journal of Technology Transfer, 2005(30):207-210.

④ 江旭,高山行,廖貅武.外部知识获取、新产品开发与企业绩效关系的实证研究[J].研究与发展管理,2008(5):72-77.

⑤ 王进伟.网络能力对新创业隐性知识获取、成长绩效的影响研究[D].杭州:浙江工商大学,2011:23-35.

⑥ LI L, SUN L, WANG J. Multi-source knowledge acquisition model based on rough set[J]. Information Technology Journal, 2014, 13(7):1386.

　　知识吸收可以帮助企业提高应变能力和创新能力[1]，解决自身资源局限性的问题，保持竞争优势。企业间的竞争实质上是企业创新能力的竞争，企业创新一般需要借助外部知识吸收[2]，而从外部吸收知识也是企业创新的重要来源之一。Li-Renko等的研究指出知识吸收提升了企业的知识存量，增加了企业的创新动力[3]。创新的结果是开发出新产品和新服务，新产品开发的关键是如何吸收和运用知识。Caloghirou把如何吸收知识并对其不确定性进行管理看作是决定新产品开发项目成败与否的关键[4]。Cassia & Colombelli也指出知识吸收有助于企业产品创新[5]。从外部吸收的知识与现存知识的交互会改变企业的知识存储[6]，提高企业可获得的知识的广度和深度，因此增加了创新产出的可能性[7]。McEvily & Zaheer等认为通过外部的下游客户和终端顾客可以获取到各种大量的市场环境知识，通过外部供应商和合作伙伴则可以获取到有价值的新技术知识[8]。外部知识吸收是创新的一个积极预测变量[9]，可以通过企业内的交流和创新动机影响创新绩效[10]，也可以直接对

① MALHOTRA F. Knowledge：Its creation distribution and economic significance［M］. New York：Princeton University Press，1999：66 - 71.

② LEONARD B D. Wellsprings of knowledge：Building and sustaining the sources of innovation ［M］. Boston：Harvard Business School Press，1995：123 - 129.

③ YLI-RENKO，AUTIO E，SAPIENZA H J. Social capital，knowledge acquisition and knowledge exploitation in young technology-based firms［J］. Strategic Management Journal，2001（6）：587 - 613.

④ CALOGHIROU Y，KASTELLI I，TSAKANIKAS A. Internal capabilities and external knowledge sources：complements or substitutes for innovative performance［J］. Technovation，2004（24）：29 - 39.

⑤ CSSSIA S，COLOMBELLI S. Do universities knowledge spillovers impact on new firm's growth? Empirical evidence from UK［J］. International Entrepreneur Management Journal，2008（4）：80 - 85.

⑥ NONAKA I，TAKEUCHI H. The knowledge-creating company ［M］. Oxford：Oxford University Press，1995：111 - 121.

⑦ KATILA R. New product search over time：Past ideas in their prime？ ［J］. Academy of Management Journal，2002，45（5）：995 - 1010.

⑧ MCEVILY B，ZAHEER A. Bridging ties：A source of firm heterogeneity in competitive capabilities［J］. Strategic Management Journal，1999，20（12）：1133 - 115.

⑨ QIN Z H，WANG D，LI Y. External knowledge acquisition and innovation performance：The roles of infra-firm communication and innovation incentives［A］. 2014 International Conference on Management Science & Engineering 21th Annual Conference Proceedings［C］. IEEE，2014：1518 - 1525.

⑩ LAURSEN K，SALTER A. Open for innovation：The role of openness in explaining innovation performance among UK manufacturing firms［J］. Strategic management journal，2006，27（2）：131 - 150.

创新绩效产生影响。在中小企业中,知识吸收与企业创新绩效积极相关[1],客户知识的吸收会促进中小企业的创新绩效[2]。在知识吸收对创新绩效的研究中,虽然存在着争议,但多数研究认为知识吸收和创新绩效是正相关的,Li,Devinney 和 Murry 等人也分别使用实证研究证实了这一关系。

目前,由于全球化动态竞争的加剧,仅仅依靠企业内部的知识,无法满足企业对知识的需求。企业外部存在的大量的新知识,与企业内现有的知识基础和存量构成异质性和互补性,可以帮助企业大幅降低面临的风险和不确定性。而知识吸收可以增强企业知识体系的广度、深度、数量和质量,帮助企业建立竞争优势,提高绩效。基于以上内容,本研究提出如下假设:

H1:技术标准联盟的内部的知识吸收与标准实施效益存在正相关关系。

2. 知识转移与标准实施效益

有效的知识转移对于企业竞争优势的提高是至关重要的[3]。通过知识转移,企业可以提高知识积累量,开阔自身视野,打破自身知识资源的约束,避免创新能力刚性问题[4];缩短技术差距[5],促进现有工艺和生产流程的改进,提高现有产品的质量;增强技术创新能力[6],提高人力资源水平,从而提高企业竞争优势。Tamer 等在实证研究后,得出内隐性知识的转移是通过影响创新绩效来提升企业竞争力的[7]。

---

[1] MOLINA M F X, GARCIA V P M, PARRA R G. Geographical and cognitive proximity effects on innovation performance in SMEs: A way through knowledge acquisition[J]. International Entrepreneurship and Management Journal, 2014, 10(2): 231 - 251.

[2] 范钧,王进伟.网络能力、隐性知识获取与新创企业成长绩效[J].科学学研究,2011,29(9): 1365 - 1373.

[3] KOGUT B, ZANDER U. Knowledge of the firm, combination capability, and the replication of technology[J]. Organization Science, 1992, 3(3): 383 - 394.

[4] 高宇,高山行,杨建君.知识共享、突变创新与企业绩效——合作背景下企业内外部因素的调节作用[J].研究与发展管理,2010,22(2): 56 - 63.

[5] TEECE D J, PISANO G, SHUEN A. Dynamic capabilities and strategic management[J]. Strategy Management Journal, 1997, 18(7): 509 - 533.

[6] ALMEDIA P, SONG J, GRANT R M. Are firms superior to alliances and markets? An empirical test of cross-border knowledge building[J]. Organization Science, 2002, 13(2): 147 - 161.

[7] TAMER CAVUSGIL S, CALANTONE R J, ZHAO Y. Tacit knowledge transfer and firm innovation capability[J]. Journal of Business & Industrial Marketing, 2003, 18(1): 6 - 21.

Sakakibara 认为企业合作创新必须要经过知识共享和知识转移，知识转移可以通过提高企业工作效率来影响组织行为，因为知识转移促进了组织间合作，是组织间资源的联系，为组织间合作提供了机会，提高了组织新知识的创造和组织创新能力①。韦影、王昀等认为组织内企业间的知识转移会促进企业和组织的共同进步②。部分学者对创新网络中的知识转移进行了研究，认为知识转移可以使企业获得大量的科学知识和行业知识，增加知识存量③，从而促进企业的创新绩效，其中隐性知识和复杂知识的转移对技术创新和新产品开发的促进作用更为明显④⑤。在企业集群中，知识转移可以实现企业间互动过程中的知识流动，同时推动集群整体和个体的共同升级与创新。此外，Dhanaraj & Lyles 认为从母公司把知识转移到子公司是子公司成功的关键所在⑥。在联盟内，企业的原有知识储备各不相同，且不存在绝对处于高势和绝对处于低势的企业，由此导致了联盟内企业的知识势差。在竞争的驱使和市场需要的拉动下，知识势能处于高位的主体拉动知识势能处于低位的主体，从而使知识在主体间流动。联盟内企业通过知识转移来达到资源共享，制定通用标准，完善技术的通用性，从而降低资金投入和独自开发所带来的风险和盲目性⑦。

企业进行有效的知识转移对提高竞争力有至关重要的影响，知识转移作为有效配置知识的关键环节，不仅能够促进知识的沟通和交流，也是新知识产生和创新的基础条件，为知识创造与利用提供了有利的途径和保证。

① SAKAKIBARA M. Knowledge sharing in cooperative research and development[J]. Managerial & Decision Economics，2003，24(2-3)：117-132.
② 韦影，王昀.企业社会资本与知识转移的多层次研究综述[J].科研管理,2015,36(7)：154-160.
③ 林筠,何婕.企业智力资本对渐进式和根本性技术创新影响的路径探究[J].研究与发展管理，2011,23(1)：90-98.
④ SPENCER J W. Firms' knowledge-sharing strategics in the global innovation system：Empirical evidence from the flat panel display industry[J]. Strategic Management Journal，2003，24(3)：217-233.
⑤ 吉迎东,党兴华,弓志刚.技术创新网络中知识共享行为机理研究——基于知识权力非对称视角[J].预测,2014,33(3)：8-14.
⑥ DHANARAJ C, LYLES M A, STEENSMA H, et al. Managing tacit and explicit knowledge transfer in UVs：The role of retaliation embeddedness and the impact on performance[J]. Journal of International Business Studies，2004，35(5)：428-422.
⑦ 赵玢.知识转移对技术联盟企业创新绩效的影响研究[D].西安：西安科技大学,2015：12-27.

联盟内企业的知识转移通过知识接受方转化知识时所提出的问题来改善自身现有知识，升级现有技术从而获益，并在技术上保持领先优势，获得稳定的市场地位。基于以上内容，本研究提出如下假设：

H2：技术标准联盟的内部的知识转移与标准实施效益存在正相关关系。

3. 知识整合与标准实施效益

全球竞争越来越激烈，企业想要获得竞争优势，就需要克服环境不确定性并持续创新，而知识整合是企业获得成功的条件之一。知识整合是创新的基础，可以提高企业的知识水平和知识利用率，从而提高产品创新的效率[①②]。企业的知识整合越强，企业新产品的开发绩效就越高[③]。企业通过知识整合，可以更灵活地抓住战略机遇[④]，建立并嵌入知识关系网络，减少沟通障碍，增加交流频率，获取更多信息[⑤]；建立市场优势，满足市场和客户的需求，从而提高创新绩效[⑥]。Jie、谢洪敏、李晓红和缪根红等从不同的角度进行了实证研究，验证了知识整合会促进企业的创新绩效[⑦⑧⑨]。知识整合作为一种动态能力，与创新的关系密不可分，可以不断完善创新活动的知识体系，促使既有知识价值的最大化，推动企

---

① HENDERSON R M, CLARK K B. Architectural Innovation：The reconfiguration of existing product technologies and the failure of established firms[J]. Administrative Science Quarterly, 1990，35(1)：9-30.

② IANSITI M. Technology integration：turning great research into great products[J]. Harvard Business Review, 1997(3)：69-79.

③ HOOPES D, POSTREL S. Shared knowledge, "glitches", and product development performance[J]. Strategic Management Journal, 1999，20(9)：837-865.

④ ZAHRA S A, GEORGE G. Absorptive capacity：A review, re-conceptualization and extension [J]. The Academy of Management Review, 2002，27(2)：185-203.

⑤ 郭贵林.社会资本、知识过程与部门效能关系实证研究[D].杭州：浙江大学,2008：20.

⑥ DEBOER M. Managing organizational knowledge integration in the emerging multimedia complex[J]. Journal of Management Studies, 1999(3)：379-398.

⑦ JIE Y. Knowledge integration and innovation：Securing new product advantage in high technology industry [J]. Journal of High Technology Management Research, 2005 (16)：121-135.

⑧ 李晓红,侯铁珊.知识整合能力对自主创新绩效的影响——基于软件产业的实证研究[J].大连理工大学学报(社会科学版),2013,34(2)：19-23.

⑨ 缪根红,陈万明,唐朝永.外部创新搜寻、知识整合与创新绩效关系研究[J].科技进步与对策,2014,31(1)：130-135.

业形成完善的文化制度、系统流程和沟通机制，提升企业技能与能力①。善于知识整合的企业将拥有更多的创新机会，也将更加具有竞争优势。在快速变化的环境中，知识整合是知识来源的进一步发展②，可以促使企业对现有知识进行反思，促进知识的沟通交流；提高企业内部的技术转移效率③，增强知识研发能力，提高产品质量，缩短产品上市时间，以此引导企业快速有效地开发新产品适应市场需求④，从而发展企业的竞争优势，提高企业绩效。

当外界环境复杂多变时，组织吸收与转移的知识不一定与当前的环境所匹配，而有用的知识也不一定能被全部吸收和转移。所以，知识整合就成为企业通过知识协同来提高绩效的必要步骤。在合作创新的过程中，知识整合可以加速组织内知识的传播与扩散，提升组织成员的绩效⑤，同时，企业的知识整合能力会对组织的合作创新产生影响⑥。在联盟中，知识整合将决定联盟的价值创造和绩效产出⑦，知识整合能力会促进联盟内企业的合作绩效和创新绩效⑧⑨。

在全球竞争越来越激烈的情况下，直接吸收和转移的知识并不能被直接运用和创新，且单一、无序的知识也很难为企业竞争优势发挥理想的作用。企业需要对知识进行整合，形成自己独特的知识资源体系，才能达到利润最大化，实现经营效益。而知识整合能力越强，企业的竞争力就越强，企

---

① TANG T W，WANG C H，TANG Y Y. Developing Service Innovation Capability in the Hotel Industry[J]. Service Business，2015，9(1)：1 - 17.

② MACHER J，MOWERY D. Measuring dynamic capabilities：Practices and performance in semiconductor manufacturing[J]. British Journal of Management，2009(3)：41 - 62.

③ 仝允桓，周江华，赵晶.基于知识整合的企业内部技术转移模式分析[J].科学学与科学技术管理，2008(10)：68 - 73.

④ DEBOER M. Managing organizational knowledge integration in the emerging multimedia complex[J]. Journal of Management Studies，1999(3)：379 - 398.

⑤ TSAI K，LIAO Y，HSU T T. Does the use of knowledge integration mechanisms enhance product innovativeness？[J]. Industrial Marketing Management，2015，46(6)：214 - 223.

⑥ 郑景华.知识整合创新能力对组织创新绩效影响的研究[D].屏东：台湾屏东科技大学，1994：21 - 34.

⑦ 龙勇，周建其.知识整合在竞争性联盟中的价值创造分析[J].科学管理研究，2006(2)：71 - 74.

⑧ 孙彪，刘玉，刘益.不确定性、知识整合机制与创新绩效的关系研究——基于技术创新联盟的特定情境[J].科学学与科学技术管理，2012，33(1)：51 - 59.

⑨ 卢艳秋，郭美轩，周莹莹.跨国技术联盟知识整合对合作创新绩效的影响分析[J].社会科学战线，2014(5)：260 - 262.

业的绩效也就越好。基于以上内容,本研究提出如下假设:

H3:技术标准联盟的内部的知识整合与标准实施效益存在正相关关系。

4. 知识运用与标准实施效益

从知识角度看,组织知识管理的目标是鼓励企业有效运用知识,因为随着企业间竞争程度的加剧,企业意识到竞争优势的主要来源是知识运用,而不是知识本身①。企业常常采用知识提取、知识跟踪以及知识评价等方式来深化知识运用水平,而知识资源充分、系统的运用过程也是组织核心竞争力形成的过程②。利用式学习也是企业知识运用的一种常规途径,可以有效提升企业的绩效水平③,知识的有效运用会推动企业获得重大成功。Helfat & Raubitschek 等还提出了产品序列模型,用于说明组织如何通过知识运用在市场中获得长期竞争优势。知识利用是渐进式的创新活动④,在企业的知识协同过程中,对知识的充分和有效运用,一方面可以实现技术创新和市场创新,并持续改进产品和服务的质量,扩展分销渠道,满足客户需求,提供更优质的服务⑤;另一方面也可以在生产实践中帮助企业控制成本,提高运行效率,提升绩效水平,还能帮助企业指导生产经营、克服刚性运作模式,促进知识创造,从而提高企业竞争力⑥。Schulz 和 Cornelia 等通过对制造型企业的实证研究,发现知识运用能够帮助企业克服危机、发现机遇和制定决策,从而提升企业价值⑦⑧。

---

① PRABALAD C K,HAMEL G. The core competence of the corporation[J]. Harvard Business Review,1990,68(3):79 - 91.

② 娄赤刚.知识管理构面与绩效关系的实证研究[D].武汉:华中师范大学,2011:19 - 29.

③ SCHULZ M. The uncertain relevance of newness organizational learning and knowledge flows [J]. Academy of Management Journal,2001,44(4):661 - 681.

④ HELFAT C E,RAUBITSCHEK R S. Product sequencing:co-evolution of knowledge, capabilities and products[J]. Strategic Management Journal,2000,21(10 - 11).

⑤ GOLD A H,MALHOTRA A,SEGARS A H. Knowledge management:An organizational capabilities perspective [J]. Journal of Management Information Systems,2001,18 (1): 185 - 214.

⑥ 郑素丽,章威,吴晓波.基于知识的动态能力:理论与实证[J].科学学研究,2010,28(3):405 - 411.

⑦ SCHULZ M. The uncertain relevance of newness organizational learning and knowledge flows [J]. Academy of Management Journal,2001,44(4):661 - 681.

⑧ CORNELIA C. Does Knowledge Mediate the Effect of Context on Performance[J]. Some Initial Evidence Decision Sciences,2003,34(3):541 - 568.

在竞争越来越激烈的环境中，为企业带来竞争优势的并不是知识资源本身，而是知识运用。只有将知识实际运用到企业的产品和服务的开发或其他问题的解决过程中，才能为企业带来竞争优势。基于以上内容，本研究提出如下假设：

H4：技术标准联盟的内部的知识运用与标准实施效益存在正相关关系。

5. 知识创新与标准实施效益

在竞争日趋激烈的环境中，创新变成了企业成功发展的一个重要途径，是实现企业可持续经营的基础条件[1]。而知识创新是技术创新的基础，是新技术和新发明的源泉，是企业创新机制思想的表现和升华[2]，是促进科技进步和经济增长的革命性力量[3]，企业的技术知识创新活动有利于创新绩效的提升[4]。薛进也通过实证研究，发现不同类型的知识（技术知识、管理知识、市场知识）创新与企业绩效正相关[5]。

也就是说，企业要可持续发展，就需要不断地追求新发现、探索新规律、积累新知识，创造知识附加值，谋取企业竞争优势。Tasi & Li 通过对台湾 165 家新成立企业的实证研究，发现知识创新对企业绩效起到积极的促进作用[6]。

此外，周佩莹等采用演化经济学的理论框架，对知识创新进行了分析，认为在复杂多变的外部环境中，企业间的协同知识创新是企业保持持续竞争优势的关键[7]。而在产学研合作创新体系中，知识创新可以实现企业技术创新和产品创新、高校的人才培养以及科研水平的提高、整体的技术进步和经济发展[8]。同时，程馨梅在研究项目团队的知识创新时，发现知识创新会

① 李致平，董梅生，肖转乔.公司治理结构的内部机制与绩效的关系[J].安徽工业大学学报(社会科学版)，2004(6)：33－36.
② 李景正，赵越.论知识创新与知识组织、知识管理[J].情报科学，2000(10)：909－912.
③ 贺威.社会网络视角下渠道演进与知识创新的关系[D].大连：大连理工大学，2009：19－31.
④ COMERIO A. The rode of intelligent resource in knowledge management [J]. Journal of Knowledge Management，2001，5(4)：358－373.
⑤ 薛进.知识创新对企业绩效的影响研究[D].西安：西北大学，2015：16－21.
⑥ TASI M T，LI Y H. Knowledge creation process in new venture strategy and performance[J]. Journal of Business Research，2007，60(4)：371－381.
⑦ 周佩莹，袁国栋，肖洋.竞争优势与协同知识创新的经济学研究[J].软科学，2006(2)：114－118.
⑧ 彭伟，符正平.国外联盟研究脉络梳理与未来展望[J].外国经济与管理，2011，33(12)：49－57.

影响核心竞争力①。

知识创新有利于知识积累,可以优化企业的知识和资源配置,培育核心能力,促进企业变革,完善企业战略、组织结构和规章制度等;可改进现有生产(服务)水平,提高技术和质量,获得更高的市场认可度和市场份额,提升企业的竞争优势,从而提高企业的绩效。基于以上内容,本研究提出如下假设:

H5:技术标准联盟的内部的知识创新与标准实施效益存在正相关关系。

二、知识协同与战略柔性

良好的知识吸收能力可以帮助企业更容易地适应环境变化。Van等对知识吸收能力与企业适应环境效果的关系进行了分析,并通过多案例研究,讨论企业如何应对新时期多元化的媒体环境②。基于企业资源观理论,Akgun & Byrne 认为知识吸收和运用能帮助企业在产品开发过程中灵活地应对各种状况,并通过实证证明了这一观点③。Francalanci & Morabito 研究发现企业的知识吸收能力会影响企业对资源的发挥作用④,对产品开发战略柔性有着积极的作用。Grimpe & Sofka 通过对 Zara 公司的实证研究,发现企业快速应对市场的战略柔性来源于企业知识吸收能力⑤。Grant 认为在企业资源用途转变的过程中,需要多种知识的合作协同。通过知识吸收,企业可以获得新知识,提高学习和交流的效率,扩大资源的使用范围,降低资源用途转变的难度,减少资源用途转变的时间,也就是说,

---

① 程馨梅.基于项目团队知识创新的高科技企业成长研究[D].济南:山东大学,2012:11-32.

② VAN DEN BOSCH, DEBOER M, FRANS A, et al. Managing organizational knowledge integration in the emerging multimedia complex[J]. Journal of Management Studies, 1999, 36 (3):379-398.

③ AKGUN A E, BYRNE J C, KESKIN H. Organizational intelligence: A structuration view[J]. Journal of Organizational Change Management, 2007, 20(3):272-289.

④ FRANCALANCI C, MORABITO V. IS integration and business performance: The mediation effect of organizational absorptive capacity in SMEs[J]. Journal of Information Technology, 2008, 23(4):297-312.

⑤ GRIMPE C, SOFKA W. Rapid response capabilities: The importance of speed and flexibility for successful innovation[M]. Management of Technology Innovation and Value Creation, 2008: 34-45.

良好的知识吸收有助于提高企业的资源柔性①。企业知识吸收能力和企业的战略柔性之间具有密切的联系，企业知识吸收能力越强，则企业的战略柔性越强。

Sanchez 基于知识基础观的角度，认为知识转移可以促进战略柔性。各种知识（包括市场知识、技术知识和生产组织知识等）的学习积累为资源柔性系统的建构奠定了基础②。联盟内企业在吸收并整合从企业外部转移过来的稀缺性互补知识资源后，会改变并加深对原有资源的认识③。企业对原有资源认识的改变和加深，会促使企业获得新技能，从而扩大资源的使用范围，提高使用效率，而资源使用效率的提高会导致资源用途转变的难度减小和时间减少。因此，知识转移将有利于提升联盟内企业的资源柔性。知识转移不仅仅对资源柔性有影响，还对能力柔性有影响。知识转移通常是伴随着企业交互活动所发生的，这种沟通互动可以促使联盟内企业高效地吸收有价值的新知识④。企业吸收的新知识与原有知识会进行碰撞、匹配和融合，能拓展联盟内企业的知识宽度与深度⑤。在日新月异的市场环境中，知识宽度与知识深度越强的企业，对市场机遇的识别速度就越快，对环境变化做出反应的速度也就越快，获得的收益也就越多。而能力柔性的实质是企业对机会的识别、把握以及对环境变化做出反应的时间和成本。因此，知识转移将有利于提升联盟内企业的能力柔性⑥。

企业在吸收了知识后，知识整合的能力越强，适应环境并做出预测的能

---

① GRANT R M. Toward a knowledge-based theory of the firm[J]. Strategic Management Journal, 1996, 17(2): 109-122.

② SANCHEZ E. Semantic web and peer-to-peer: Decentralized management and exchange of knowledge and information[M]. New York: Springer-Verlag, 2005: 23-41.

③ NORMAN P M. Knowledge acquisition, knowledge loss, and satisfaction in high technology alliances[J]. Journal of Business Research, 2004, 57(6): 610-619.

④ NIELSEN B B, NIELSEN S. Learning and innovation in international strategic alliances: An empirical test of the role of trust and tacitness[J]. Emerald Management Reviews, 2009, 46(6): 1031-1056.

⑤ 张红兵.技术联盟知识转移有效性的差异来源研究——组织间学习和战略柔性的视角[J].科学学研究,2013,31(11): 1687-1696,1707.

⑥ 张红兵.知识转移对联盟企业创新绩效的作用机理——以战略柔性为中介[J].科研管理,2015, 36(7): 1-9.

力就越强,对环境做出反应的速度也就越快①。刘婷基于供应链角度,认为知识整合对战略柔性起到重要作用,知识整合可以扩大原有的知识基,对隐性知识和显性知识进行扩展和更新,对企业内的规划、组织、协调和决策做出准确的调整②。知识整合可以帮助企业更好地挖掘市场需求,识别外部威胁和机会,并做出相应的调整,从而提高企业的能力柔性。企业知识资源的整合可以提升知识价值③,扩大知识的使用范围,并深化理解知识,发现知识的新功能,实现知识资源用途的转变。基于资源基础理论,知识资源是企业重要的战略性资源。通过有效地知识整合与运用,企业可以突破自身知识体系的约束,打破原有知识的局限性,持续不断地提升企业的战略柔性。

在外部环境复杂多变的情况下,企业的知识运用能力成为既定计划能否成功执行的关键因素,并在一定程度上对企业应对突发事变的绩效有影响④。Kogut 也认为,当市场机遇和挑战出现时,拥有越强知识运用能力的企业,应对变化的能力就越强。有着良好知识运用能力的企业可以通过对内外部知识与信息的运用,更加灵活熟练地配置资源,帮助企业更有效率地追踪产业中的变化,并在适当的时机促进相应能力的提升⑤。Zahra 等研究认为,知识运用能力能帮助企业应对市场变化的关键在于知识存量与技能的更新⑥。良好的知识运用能力可以减少企业用于改变资源定位及运作惯例的沉淀投资,当企业能获取且应用足够的知识和信息时,变革的成本就较少⑦。企业通过知识运用提高其对外部环境的适应性,通过学习能力的增强

①　王铁男,贾榕霞,陈宁.组织学习能力对战略柔性影响作用的实证研究[J].中国软科学,2009(4):164-174,184.

②　刘婷,钟芳偲.基于知识共享与知识创新的供应链柔性研究[J].湘潭大学学报(哲学社会科学版),2012,36(4):65-68.

③　GRANT R M. Toward a knowledge-based theory of the firm[J]. Strategic Management Journal, 1996, 17(2):109-122.

④　张以彬,王向国,朱启红.高科技产业中的柔性、知识管理和技术创新[J].经济体制改革,2014(6):121-125.

⑤　KOGUT B, ZANDER U. Knowlesge of the firm, combination capability, and the replication of technology[J]. Organization Science, 1992, 3(3):383-394.

⑥　ZAHRA S A, GEORGE G. Absorptive capacity: A review, re-conceptualization and extension[J]. The Academy of Management Review, 2002, 27(2):185-203.

⑦　TEECE D J, PISANO G, SHUEN A. Dynamic capabilities and strategic management[J]. Strategy Management Journal, 1997, 18(7):509-533.

使得企业内的员工和团体适应环境变化的能力增强,从而提高企业的适应性及战略柔性。此外,知识运用能力强的企业对现有资源使用效率的高关注度,会使企业对资源新用途的敏感度较高。因此,知识应用对资源柔性有显著的影响。

知识协同的一系列知识活动,可以及时、合理地调配和调整战略发展方向,化解信息不对称导致的管理危机。张以彬的研究发现知识吸收、转移、整合、运用和创造的过程,对高科技企业在竞争中获得柔性起到直接促进作用[①]。

基于以上内容,本研究提出如下假设:

H6:技术标准联盟的内部的知识吸收与资源柔性存在正相关关系。

H7:技术标准联盟的内部的知识转移与资源柔性存在正相关关系。

H8:技术标准联盟的内部的知识整合与资源柔性存在正相关关系。

H9:技术标准联盟的内部的知识运用与资源柔性存在正相关关系。

H10:技术标准联盟的内部的知识创新与资源柔性存在正相关关系。

H11:技术标准联盟的内部的知识吸收与能力柔性存在正相关关系。

H12:技术标准联盟的内部的知识转移与能力柔性存在正相关关系。

H13:技术标准联盟的内部的知识整合与能力柔性存在正相关关系。

H14:技术标准联盟的内部的知识运用与能力柔性存在正相关关系。

H15:技术标准联盟的内部的知识创新与能力柔性存在正相关关系。

三、战略柔性与标准实施效益

Aaker 等认为战略柔性会直接影响企业绩效[②]。Hitt 和 Johnson 认为战略柔性是企业获取竞争优势的关键所在[③④]。管黎华、范诵从产品开发、制造、销售和信息管理角度,认为战略柔性对促进和保持企业差

---

① 张以彬,王向国,朱启红.高科技产业中的柔性、知识管理和技术创新[J].经济体制改革,2014 (6):121-125.

② AAKER D A. Measuring the information content of television advertising[J]. Current Issues & Research in Advertising, 1984, 7(1):93-108.

③ HITT M A, RICART I C J E, NIXON R D. New managerial mindsets: Organizational transformation and strategy implementation[M]. John Wiley & Sons, Inc. 1998, 22-42.

④ JOHNSON G, MELIN L, WHITTINGTON R. Micro strategy and strategizing: Towards an activity-based view[J]. Journal of Management Studies, 2003, 40(1):3-22.

异化优势有显著作用①。范宇林认为战略柔性可以提高企业的沟通效率、计划执行力、战略的有效性和市场竞争能力,对企业绩效有积极影响②。

　　Kraatz & Zajac 认为资源可以使企业对外部环境的变化形成缓冲作用,丰富的资源可以帮助企业削弱外部环境造成的威胁③。Penrose 也认为企业资源不仅是企业适应外部威胁的有力武器,同时还是企业进行发展和创新的原动力④。企业资源是影响产品创新的关键因素,资源柔性直接决定了组织的创新效率,有利于企业创新行为的产生和提高创新绩效⑤。企业的资源柔性主要表现为资源转变用途的成本、难度、时间和范围。资源柔性的增强意味着企业可以较容易地、使用较小的成本、在较短的时间内、较大地改变资源的用途,转变经营策略,也就是说,企业在面对变化时,有着更强的选择权和可调整性;同时,资源的利用率也会更高。显然,企业的资源柔性越强,企业的绩效会越好。

　　企业能够对资源进行有效整合和配置的前提是企业能准确把握其资源的特点和用途⑥。而能力柔性可以帮助企业对现有资源的使用范围进行准确的定位,帮助企业有效而全面地评估和获取新资源,使企业能识别和预测到变化,并根据变化合理高效地通过组织系统来配置资源。也就是说,能力柔性能够整合和配置企业所拥有的各种资源,提高资源的利用率,使资源发挥更大价值。能力柔性不仅仅是企业在变化中,整合和配置资源以创造企业价值的能力,还包括发现新资源或现有资源的新用途的能力,降低创新所需的时间和成本以及进入新的市场的能力,

---

① 管黎华,范诵.基于柔性战略观点的企业差异化优势营造[J].西安交通大学学报,2001(S1): 58 – 62.

② 范宇林.动态环境下企业战略柔性与国际经营绩效的关系[J].纺织导报,2008(8): 19 – 21.

③ KRAATZ S M, ZAJAC J E. How organizational resources affect strategic change and performance in turbulent environments: Theory and evidence[J]. Organization Science, 2011 (5): 63 – 65.

④ PENROSE E. The theory of the growth of the firm[M]. Oxford: Oxford University Press, 1959, 12 – 31.

⑤ 卢艳秋,郭美轩,周莹莹.跨国技术联盟知识整合对合作创新绩效的影响分析[J].社会科学战线, 2014(5): 260 – 262.

⑥ 卢艳秋,郭美轩,周莹莹.跨国技术联盟知识整合对合作创新绩效的影响分析[J].社会科学战线, 2014(5): 260 – 262.

有效地识别并把握商机的能力①。显然,企业的能力柔性越强,企业的绩效也会越好。

此外,诸多学者对战略柔性与企业绩效的关系进行了实证研究。Paki(1991)以100家美国大型企业为调查样本,对不同场景下战略柔性对企业绩效的影响进行了对比,发现战略柔性与企业绩效存在正向影响关系。Ranjan对173家高科技公司进行了问卷调查,发现战略柔性与企业绩效、财务表现存在正向影响关系②。Ashok对世界500强企业进行调研,发现战略柔性对企业竞争能力的提升有显著作用,柔性与企业绩效存在正向影响关系③。王永贵等对中国企业进行调研,发现战略柔性是影响企业绩效水平的关键因素,对顾客感知价值、新产品市场表现和企业总体绩效有正向影响④。李桦等使用问卷调查,发现战略柔性不仅可以直接影响企业绩效,还可以通过双元性创新间接影响企业绩效⑤。王铁男等实证证明了能力柔性会影响企业绩效⑥。王朝辉实证证明了能力柔性和资源柔性对盈利性和成长性均有显著影响⑦。张红兵实证证明了能力柔性对联盟企业创新绩效有显著的正向影响⑧。

综合国内外学者的理论研究和实证,可以发现战略柔性直接或间接地对企业绩效有正向影响。同时,联盟企业的战略柔性越高,其探索与利用新资源的能力越强,因此越能够促使联盟企业引入大量的知识与技能等新资源,并通过发挥这些新资源的潜在价值进行技术创新活动⑨,甚至有可能伴

---

① 曾珠.从比较优势、竞争优势到知识优势——日本知识产权战略对我国的启示[J].经济管理,2009(1)：146－151.

② RANJAN P. Dynamic evolution of income distribution and credit-constrained human capital investment in open economies[J]. Journal of International Economics,2001：55.

③ ASHOK A, KUNAL B. Strategic flexibility and firm performance：The case of US based transnational corporations[J]. Global Journal of Flexible Systems Management,2003(1)：1－8.

④ 王永贵,邢金刚,李元.战略柔性与竞争绩效：环境动荡性的调节效应[J].管理科学学报,2004(6)：70－78.

⑤ 李桦,彭思喜.战略柔性、双元性创新和企业绩效[J].管理学报,2011,8(11)：1604－1609,1668.

⑥ 王铁男,陈涛,贾镕霞.战略柔性对企业绩效影响的实证研究[J].管理学报,2011,8(3)：388－395.

⑦ 王朝辉.战略柔性对企业竞争优势影响的实证研究[J].沈阳师范大学学报(社会科学版),2014,38(6)：62－65.

⑧ 张红兵.知识转移对联盟企业创新绩效的作用机理——以战略柔性为中介[J].科研管理,2015,36(7)：1－9.

⑨ LEVINSON N S. Innovation in cross-national alliance ecosystems[J]. International Journal of Entrepreneurship and Innovation Management,2010,11(3)：258－263.

随着新资源带来的新认识在联盟企业组织内部产生一系列管理方式的颠覆性革新[1]。具备较强战略柔性的联盟企业可以在变化的环境中,更为容易地开发新资源或现有资源的新用途,实现资源使用途径的多样化,提高资源的利用率,从而对联盟企业开展活动起到重要的支撑作用[2]。

基于以上内容,本研究提出如下假设:

H16:技术标准联盟的内部的资源柔性与标准实施效益存在正相关关系。

H17:技术标准联盟的内部的能力柔性与标准实施效益存在正相关关系。

---

[1] OERLEMANS L A G, KNOBEN J, PRETORIUS M W. Alliance portfolio, Diversity, radical and incremental innovation: The moderating role of technology management[J]. Technovation, 2013, 33(6): 234-246.

[2] 张红兵.知识转移对联盟企业创新绩效的作用机理——以战略柔性为中介[J].科研管理,2015, 36(7): 1-9.

第四章
技术标准联盟知识协同的研究方法设计

第一节　方法选取

管理科学最基本的研究方法分为思辨式、归纳式和实证式三种,在发展过程中,衍生出林林总总的具体研究方法,包括:实证研究、实验研究、案例研究、模拟研究和模型研究等[①]。

通过实证研究,可以挖掘出问题的深层次原因,提出具有针对性的对策和建议。实证研究的一般步骤是:提出问题,确立研究目标;搜集相关的数据和资料;根据已有研究提出假设;设计研究标度和调查方案;确定抽样方法和样本容量;采集数据;整理数据;统计分析数据;检验假设;得出结论。实证研究在获取数据时最常用的方法是以问卷调查为主,观察法和文献法等其他方法为辅。本书主要通过调查问卷来获取数据。

实证研究通过发现变量之间的关系,来使人们客观地理解科学和社会现象。但是这些变量往往隐藏在现象之中,不能被直接观测到。因此,需要使用可观测的指标来测量这些变量,用于测量变量的调查工具叫做量表。量表开发是问卷调查中至关重要的步骤之一。

问卷统计分析包括收集数据、整理数据和分析数据。收集数据是进行统计分析的前提和基础。整理数据是将收集到的无序的、零散的、不系统的数据进行核实、剔除、归类和汇总,使原始数据变得简单化、形象化和系统化。分析数据是在整理数据的基础上,通过统计运算,得出结论的过程,是

---

① 张旭明,王亚玲.管理科学研究方法的研究[J].吉林工商学院学报,2008(1):51-54.

统计分析的核心和关键。

结构方程模型(SEM)是目前社会科学领域使用最为普遍的统计方法之一,是一种把因子分析和路径分析相结合的综合性统计分析方法,能同时估计因子结构和因子关系,并且允许测量有误差的存在,能够同时处理多个变量,还可以估计整个模型的拟合程度。1979 年,偏最小二乘法(PLS)算法被首次用于结构方程模型的参数估计中,之后经过了多次改进,这一方法逐步成熟。与传统的基于样本协方差矩阵的估计方法相比,偏最小二乘法具有诸多优点,它是通过一系列多元线性回归的迭代来进行求解的,不需要严格的数据分布假设,不需要大量的样本数量,不存在模型无法识别的问题,且适合小样本(样本数量小于 200)模型[①]。

通过适用性比较后,本书采用实证的方法,对技术标准联盟内部的知识协同与标准实施效益的关系假设做验证性分析,再利用 SPSS 21.0 和 SmartPLS 3.0 来进行数据分析。首先,使用 SPSS 21.0 进行描述性分析,对调查所得的大量数据资料进行初步的整理和归纳,通过均值、中位数、众数、方差和频数等,对样本数据的分布情况和整体状况有初步了解。然后,使用 SPSS 21.0 和 SmartPLS 3.0,对数据进行信效度分析,确保数据具有较高的可靠性和有效性。接着,使用 SPSS 21.0 进行相关分析和多元回归分析,对模型中变量间关系进行相关性检验,确定变量间相互关系。最后利用结构方程模型方法,使用 SmartPLS 3.0 对各变量之间的路径关系进行检验,逐一讨论假设检验结果。

第二节　量表开发

量表是一种确定主观的或抽象的概念的定量化测量工具,通过一套事先拟定的用语、符号和数字来测定特性变量。量表开发就是设计被访问者的主观特性的度量表。量表开发时必须要准确地、概括地定义所要测量的变量,清晰地对变量内涵进行界定[②]。为了保证量表开发的客观性和科学性,同时考虑测量过程的有效性和可操作性,本书在研究技术标准联盟内部

---

① 崔晓聪.结构方程模型参数估计方法改进研究[D].大连:大连理工大学,2013:22-34.
② 陈晓萍,徐淑英,樊景立.组织与管理研究的实证方法[M].北京:北京大学出版社,2012:33-54.

的知识协同与标准实施效益关系时，主要借鉴国内外学者相关研究中已经验证、成熟有效的观测变量；同时，也兼顾本书研究背景，对个别观测变量做出适度的调整。

一、技术标准联盟的知识协同测量

1. 知识吸收

结合国内外学者的研究成果，本书主要以企业吸收新知识所具备的基础和能力及企业相关的激励机制等为观测指标，见表4-1。

表4-1 技术标准联盟的知识吸收量表

变 量	观 测 指 标	来 源
知识吸收	企业吸收新知识所具备的基础和能力 企业能够吸收（技术、市场、管理、制造等）知识的能力 企业对员工吸收新知识的激励机制	Gold 等（2001）；Van（2004）；Lin 等（2004）；张鹏（2016）；Lane 等（2001）；Huber（1991）；Nooteboom 等（1997）；郑素丽等（2010）；徐瑞平等（2005）；谢翔（2012）

早期关于知识吸收的研究偏重于技术方面的知识，此后越来越多的学者将市场知识也作为外部知识吸收的重要内容，另有学者认为对制造相关的知识也应给予充分重视[①]。Lane 等提出的外部知识吸收量表最为全面，该量表包括新技术知识、新市场知识、产品开发知识、管理技巧以及制造流程知识的吸收情况[②]。故本书在对企业知识吸收能力进行观测时，也将注意技术、市场、管理等多方面的知识。根据徐瑞平等和谢翔的研究，可用环境氛围、行为活动、态度三个观测指标来测度知识吸收[③][④]。本书结合技术标准联盟的特点，从信息获取的及时性、有用性、知识吸收过程的有效性等方面

---

① 郑素丽,章威,吴晓波.基于知识的动态能力：理论与实证[J].科学学研究,2010,28(3)：405-411.
② LANE P J, SALK J E. Absorptive capacity, learning, and performance in international joint ventures[J]. Strategic Management Journal, 2001, 22(12)：1139-1161.
③ 徐瑞平,陈莹.组织学习、企业知识共享效果综合评估指标体系的建立[J].情报杂志,2005(10)：2-5.
④ 谢翔.联盟内知识共享对企业协同创新绩效的影响研究——基于战略性新兴产业的数据[D].南昌：江西师范大学,2012；25-30.

进行诠释和测度。

2. 知识转移

根据国内外学者的相关研究,针对本书的研究特征,采用企业间文件交互、线上交流和线下交流这三个观测指标来衡量知识转移,见表4-2。其中,企业间文件交互包括了书面文件和电子文档,线上交流主要包括信息系统和网络平台,线下交流主要指企业组织员工观摩、访谈、学习和考察。

表4-2　技术标准联盟的知识转移量表

变　量	观　测　指　标	来　　源
知识转移	企业间文件交互 企业间线上交流 企业间线下交流	Lawson(2002);Gold 等(2001);韩维贺等(2006);张鹏(2016)

3. 知识整合

在对知识整合进行内涵界定后,结合本书研究背景,对知识整合的理解更侧重于通过知识进行重构,将新知识和原知识融为一体。本书将以企业对新知识理解和掌握的能力、企业能够有效整理知识的能力、企业能够有效调整知识的能力三个观测变量来反映知识整合这一抽象概念,见表4-3。

表4-3　技术标准联盟的知识整合量表

变　量	观　测　指　标	来　　源
知识整合	企业对新知识理解和掌握的能力 企业能够有效整理知识的能力 企业能够有效调整知识的能力	韩维贺等(2006);张鹏(2016);Grant(1996);Kought 等(1992);Van 等(1999);Henderson 等(1994);Eisenchardt 等(2000);郑素丽等(2010)

根据 Grant 和 Van 等的研究,在测度知识整合时应考虑企业内不同部门、团队或个人的知识整合[1][2]。Kogut 等认为整合的主要形式是对外部学

---

① GRANT R M. Toward a knowledge-based theory of the firm[J]. Strategic Management Journal, 1996,17(2): 109-122.
② VAN DEN BOSCH, DEBOER M, FRANS A, et al. Managing organizational knowledge integration in the emerging multimedia complex[J]. Journal of Management Studies, 1999, 36 (3): 379-398.

习和内部学习获得的知识进行整合①。此外，Henderson强调了关于跨越领域知识整合以及新旧知识整合的重要作用②。故本研究在观测企业知识整理能力时将从以上方面进行考察：企业内部创造的知识和外部获取知识的整理；企业内部不同部门、团队或个人知识的整理；属于不同技术或应用领域知识的整理；新掌握的知识和原有的知识的整理。Eisenhardt 等认为，企业组织结构和运营流程重构也是知识整合的重要方面③。故本书在结合国内外学者的研究后，在知识整合的测度中加入对知识的调整这一观测指标，将从企业内部组织结构、运营流程和外部关系网络这三方面来衡量。

4. 知识运用

国内外学者对知识应用内涵的阐释相对统一，认为是知识物化为生产或者服务的过程，是知识资源向生产力的转化。本书延续学者们的观点，从利用整合后新知识开发新产品或新服务的能力、运用知识规避错误的能力等两个能力指标和知识对接速度一个效率指标对知识应用进行测量，见表4-4。

表4-4　技术标准联盟的知识运用量表

变　量	观　测　指　标	来　源
知识运用	利用整合后新知识开发新产品或服务的能力 企业利用新知识规避错误的能力 面临问题时迅速利用新知识对接知识源的能力	Lawson(2002)；Gold 等(2001)；Lin 等(2004)；张鹏(2016)

5. 知识创新

在现有的研究中对知识创新的测度意见分歧较大，如在知识管理研究中，对知识创新的研究多从知识和组织过程角度展开，Prieto 等曾在新产品开发背景中构建了动态能力的构思，并对知识创造进行了测度④。John

① KOGUT B, ZANDER U. Knowlesge of the firm, combination capability, and the replication of technology[J]. Organization Science, 1992, 3(3)：383-394.
② HENDERSON R M, CLARK K B. Architectural Innovation：The reconfiguration of existing product technologies and the failure of established firms[J]. Administrative Science Quarterly, 1990, 35(1)：9-30.
③ EISENHARDT K M, MARTIN J A. Dynamic capabilities：What are they? [J]. Strategic Management Journal. 2000, 21(10-11)：1105-1121.
④ PRIETO I M, EASTERBY S M. Dynamic capabilities and the role of organizational knowledge：An exploration[J]. European Journal of Information Systems, 2006, 15(5)：500-510.

等指出,研发投入和发明专利数是衡量创新绩效的代表性指标[①]。若企业在某一年度具有较多的发明专利数,则表明企业的知识创新效率较高;研发投入反映了企业对知识创新的重视程度,可以较好地衡量企业知识创新的过程[②]。本书在结合国内外学者的研究后,采用企业的发明专利数、企业的专利申请数量和企业知识创造能力三个观测指标来测量知识创新,如表4-5所示。

表4-5　技术标准联盟的知识创新量表

变　量	观　测　指　标	来　源
知识创新	企业的发明专利数 企业的专利申请数量 企业能够创造更多(技术、市场、管理等)知识的能力	John 等(2003);卫英平(2010);Lane 等(2001);Huber(1991);Nooteboom 等(1997);Prieto 等(2008);郑素丽等(2010)

二、技术标准联盟战略柔性的测量

关于资源柔性,采用学术界普遍使用的3项测量指标,即资源应用范围的大小、资源获取成本、资源转变用途所需时间。关于能力柔性,参考Grewal、王铁男和张红兵等的方法选取了3项测量指标,即适应环境变化的能力、利用环境变化的能力、主动改变环境的能力,见表4-6。

表4-6　技术标准联盟的战略柔性量表

变　量		观　测　指　标	来　源
战略柔性	资源柔性	资源应用范围的大小 资源获取成本 资源转变用途所需时间	Sanchez(1997);王铁男等(2010);张红兵(2013)
	能力柔性	企业适应环境变化的能力 企业利用环境变化的能力 企业主动改变环境的能力	Grewal 等(2001);王铁男等(2010);张红兵(2013)

---

① JOHN H, MYRIAM C. Measuring innovative performance: Is there an advantage in using multiple indicators? [J]. Research Policy, 2003, 32(8): 1365-1379.
② 卫英平.基于复杂网络的高技术企业联盟知识扩散的研究[D].长沙:湖南大学,2010:7-20.

三、技术标准联盟的标准实施效益的测量

本研究综合借鉴 ISO 标准经济效益评估方法和实证调研法,在指标的选取上,主要依据 ISO 的经济效益评估方法,从价值链的视角,选取了经营管理、研究开发、采购、生产/运营、物流、营销与销售、服务七个观测指标来衡量技术标准联盟的标准实施效益,见表 4-7。在具体数据获取途径上,主要通过调查问卷获得。

表 4-7　技术标准联盟的标准实施效益量表

变　　量	观　测　指　标	来　　　　源
标准实施效益	经营管理 研究开发 采购 生产/运营 物流 营销与销售 服务	戚彬芳等(2012);付强等(2013);杨桂芬等(2014);邓丽娟等(2015);阿扎提·皮尔多斯等(2015);王识博(2017)

第三节　问卷设计

问卷调查是目前最广泛采用的调查方式之一,即通过设计科学合理的问项,要求被调查者据此进行回答以收集资料的方法。问卷设计是影响调查结果的前提性因素,应严格遵循概率与统计原理,需要确定调查主题的范围和内容、分析调查对象的特征、充分征求有关人员的意见、明确阻碍和推动问卷调查的各种因素,使调查问卷便于整理和分析结果。

一、问卷形式

本研究的调查问卷采用的是目前调查研究中最常用的李克特量表(Likert scale)。每一组题项均为陈述语句,题项的陈述有"非常不符合""不符合""基本符合""较符合""非常符合"五种方式,相对应计分是 1 分、2 分、3 分、4 分、5 分。不同的分数代表了被调查者对于陈述语句的同意或不同意程度。

本研究在设计调查问卷时,严格做到合理性、一般性、逻辑性、明确性、非诱导性和便于整理分析的基本原则,确保调查问卷主题明确、结构合理、逻辑性强、通俗易懂、资料便于校验整理和统计,并有效控制了调查问卷的填写时间在 20 分钟左右。

二、问卷内容

本书的主要研究内容是技术标准联盟内部的知识协同与标准实施效益的关系,调查问卷的主要对象是技术标准联盟的企业成员。本书根据研究内容和研究对象,将调查问卷设计成四个部分。

第一部分是基本信息,题项采用填空和选择的方式,包括企业所在的技术标准联盟的信息、企业所处的行业和被调查者在企业中的职位及工作性质。

第二、三、四部分分别是技术标准联盟内部的知识协同、战略柔性和标准实施效益,题项采用李克特量表。

调查问卷见附录。

三、问卷预调研

虽然本研究在调查问卷设计时,阅读了大量文献并借鉴相关研究,与相关企业和专家进行了访谈交流,对相关题项的措辞再三权衡和斟酌,但是为了保证研究更具严谨性和科学性,本研究对调查问卷进行了小规模的预调研:对浙江地区的 34 家企业共计发放了调查问卷 34 份,最终,回收调查问卷 30 份,回收率为 88.2%。整理汇总了被调查者的反馈意见,对调查问卷中存在的专业术语过多和语义有歧义等问题进行了处理,并对各部分问项进行了信度检验,修改后形成了最终版本的调查问卷。

第四节　数据收集

针对研究内容,本研究对参与技术标准联盟、标准制定的团体诸如学会、协会和联合会中的企业标准化工作人员进行问卷发放。研究的调查问卷发放方式分为线上和线下两种途径。线上方式是使用在线问卷调查网站问卷星(https://www.wjx.cn)制作调查问卷,通过微信、QQ、微博、邮件等方式发送问卷填写邀请。线下方式包括利用同事、同学和曾经参与咨询、培训的公司等社会关系，来帮助发放调查问卷；利用项目调研，进行企业访谈并发放问卷；在与标准化相关的培训和会议上，邀请企业成员填写调查问卷。

通过以上方式，研究共计发放问卷 203 份，回收 147 份，回收率 72.4%。为了能充分应用收集到的数据，研究使用多重填补法来处理数据缺失问题。为了减少由于数据异常造成的统计分析误差，对题目选择完全一样或大致一样的问卷进行删除。通过以上处理方式后，删除无效问卷 23 份，获得有效问卷 124 份，有效率 84.3%。

第五章
技术标准联盟知识协同的模型验证与结果讨论

第一节　描述性分析

描述性分析是调查统计分析的第一个步骤,对调查所得的大量数据资料进行初步的整理和归纳,主要借助于各种数据所表示的统计量,如均值、方差、频数、百分比等。

本研究的样本描述性分析主要对企业所在的技术标准联盟的成立时间、企业加入技术标准联盟的时间、被调查者从事的工作类型和被调查者的职业进行频次和百分比的描述,具体见表5-1。其中,技术标准联盟的成立时间主要在3~8年,新成立的(1年以下)技术标准联盟内知识协同机制还未有效建立起来,较为不完善,且知识协同对标准实施效益的影响也不能够得到完全体现,对研究的影响较大,所以在调查过程中已尽量控制,所占比例较少;企业加入技术标准联盟的时间主要集中在3~5年,适合本研究内

表 5-1　样本描述性统计量

样本统计特征	类　　型	频次	百分比
被调查者从事的工作类型	1 年以下	5	4.0%
	1~3 年(含 3 年)	21	16.9%
	3~5 年(含 5 年)	49	39.5%
	5~8 年(含 8 年)	28	22.6%
	8~10 年(含 10 年)	18	14.5%
	10 年以上	3	2.5%

（续表）

样本统计特征	类　　　型	频次	百分比
被调查者的职位	1 年以下	7	5.6%
	1～3 年(含 3 年)	27	21.8%
	3～5 年(含 5 年)	51	41.1%
	5～8 年(含 8 年)	24	19.4%
	8～10 年(含 10 年)	13	10.5%
	10 年以上	2	1.6%
被调查者从事的工作类型	研发工作	14	11.3%
	生产加工工作	7	5.6%
	管理工作	87	70.2%
	市场类工作	5	4.0%
	其他	11	8.9%
被调查者的职位	高层管理者	17	13.7%
	中层管理者	75	60.5%
	基层管理者	25	20.2%
	普通员工	7	5.6%

容；被调查者所从事的职业多为管理工作，他们所接触的企业信息较多，提供的资料更为广泛和可靠；被调查者的职位多为中层管理者，这与调查时的刻意选择有一定关系，因为中层管理者是企业中重要的中枢系统，在企业中起着桥梁作用，掌握着全面而又详细的信息。

第二节　信效度检验

问卷的信效度检验分为信度分析和效度分析。信度和效度是证明实证研究结果的可信度和说服力的重要指标。本研究将利用 Cronbach'α 系数来进行信度检验，主要回答测量结果的一致性、稳定性和可靠性。效度主要回答测量结果的有效性和正确性，一般分为内容效度（Content Validity）、构思效度（Construct Validity）和准则相关效度（Criteria-related Validity）等三类，但由于本研究都是直接测量，因此仅考虑内容效度和构思效度。由于研究的指标均是在相关理论和文献的基础上，通过访谈和小规模的测试之后加以修订获得，因此，基本能够保证内容效度。在构思效度的测量方面，本研究主要通过探索性因子分析的方法进行知识协同结构的验证，通过 KMO

样本测量和 Bartlett 球体检验确定是否适合做因子分析,同时运用因子分析做结构效度评价时遵循以下原则:第一,如果项目的所属因子的负载大于0.5,那么说明具有一定的收敛效度;反之,若项目在所有因子的负载均小于0.5,则应予以删除;第二,当一个项目自成一个因子时,应将其删除;第三,若项目在两个或两个以上因子负载大于 0.5,这属于横跨因子的现象,说明该项目不具备区分效度,也应该将其删除。

一、信度分析

信度分析指采用同样的方法对同一对象重复测量时所得结果的一致性程度。本研究采用目前使用最为广泛的 α 信度系数法,用克朗巴哈系数(Cronbach'α)来衡量信度,其公式为:

$$\alpha = \frac{K}{K-1}\left(1 - \frac{\sum_{i=1}^{K}\sigma_{Yi}^{2}}{\sigma_{x}^{2}}\right) \tag{5-1}$$

Cronbach'α 系数的值在 0 和 1 之间。根据国内外学者的研究,一般认为当 Cronbach'α 系数的值不超过 0.7 时,表示信度不足;达到 0.7~0.8 时,表示可信;达到 0.8~0.9 时,表示很可信;达到 0.9 以上时,表示非常可信。此外,如果变量内某个题项的校正的项总计相关性(CITC)的值小于 0.5,那么应该删除该题项。

使用 SPSS 21.0 对各变量及其测度项进行了信度分析,得到本研究的信度分析结果,量表整体的 Cronbach'α 值是 0.901,各变量的具体分析结果见表 5-2。

表 5-2 信度分析

变 量	题项	校正的项总计相关性 CITC	项已删除的 Cronbach α 值	Cronbach α 值
知识吸收	XS1	0.726	0.830	0.869
	XS2	0.709	0.838	
	XS3	0.732	0.828	
	XS4	0.716	0.834	
	XS5	0.703	0.854	

（续表）

变　量	题项	校正的项总计相关性 CITC	项已删除的 Cronbach α 值	Cronbach α 值
知识转移	ZY1	0.511	0.758	0.777
	ZY2	0.607	0.709	
	ZY3	0.562	0.732	
	ZY4	0.642	0.670	
	ZY5	0.626	0.688	
知识整合	ZH1	0.670	0.739	0.814
	ZH2	0.734	0.662	
	ZH3	0.704	0.769	
	ZH4	0.705	0.768	
	ZH5	0.688	0.784	
知识运用	YY1	0.666	0.769	0.823
	YY2	0.683	0.752	
	YY3	0.687	0.748	
知识创新	CX1	0.642	0.670	0.778
	CX2	0.626	0.688	
	CX3	0.511	0.758	
	CX4	0.607	0.709	
	CX5	0.562	0.732	
资源柔性	ZYR1	0.695	0.742	0.824
	ZYR2	0.691	0.749	
	ZYR3	0.657	0.782	
能力柔性	NLR1	0.557	0.719	0.761
	NLR2	0.639	0.629	
	NLR3	0.582	0.691	
标准实施效益	XY1	0.666	0.869	0.887
	XY2	0.755	0.834	
	XY3	0.744	0.839	
	XY4	0.755	0.826	
	XY5	0.716	0.834	
	XY6	0.732	0.828	
	XY7	0.726	0.830	

由表 5-2 可知,所有变量的 Cronbach'α 值都大于 0.7(最小值为0.761),且删除变量中任一题项后该变量的 Cronbach'α 值都无显著上升;各个测度项的 CITC 值都大于 0.5,不符合删除题项的要求。综上所述,本量表具有良好的信度,达到研究的要求。

二、效度分析

效度是指所测量到的结果反映所想要考察内容的程度,测量结果与要考察的内容越吻合,则效度越高;反之,则效度越低。

本研究使用验证性因子分析方法,对量表进行区别效度分析和收敛效度分析。在进行验证性因子分析之前,要进行 KMO 检验和 Bartlett 球体检验。KMO 样本测度是所有变量的简单相关系数的平方和与这些变量之间的偏相关系数的平方和之差,相关系数反映的是公共因子的作用程度,偏相关系数反映的是特殊因子的作用程度。KMO 的取值在 0~1 之间,越接近于 1,则变量间的相关性越强,偏相关性越弱,因子分析的效果越好。一般认为,KMO>0.9,非常适合用因子分析;KMO 在 0.8~0.9,很适合;KMO 在 0.7~0.8,适合;KMO 在 0.6~0.7,不太适合;KMO 在 0.5~0.6,很勉强;KMO<0.5,不适合。Bartlett 球形检验用于判断相关系数矩阵是否是单位阵,若为单位阵,则各变量独立,不能进行因子分析。当 Bartlett 球形度检验卡方值的显著性水平小于 0.05 时,认为量表可以进行因子分析。

本研究使用 SPSS 21.0 进行了 KMO 检验和 Bartlett 球体检验,得到的结果见表 5-3。

表 5-3 KMO 检验和 Bartlett 球体检验

取样足够度的 Kaiser-Meyer-Olkin 度量		0.923
Bartlett 的球形度检验	近似卡方	2 505.856
	df	276
	Sig	0.000

由表 5-3 可以看出,本研究的 KMO 值为 0.923,接近于 1,Bartlett 球形度检验卡方值的显著性水平 P<0.05,说明本研究的量表可以使用因子分

析进行效度分析。

因子载荷是某个因子与某个原变量的相关系数，主要反映该因子相对原变量的贡献大小。因子载荷系数越大，则观测指标与潜变量的一致性程度越高。一般认为，因子载荷系数应不小于 0.5，在理想情况下应当不小于 0.7。

平均方差提取值（AVE）和组合信度（CR）这两个指标是判断建构效度的重要依据。当 CR＞0.6，且 AVE＞0.5 时，就认为量表具有良好的区别效度。当 AVE＞0.5，且 $\sqrt{AVE}$ 大于其他潜变量和潜变量的相关系数（Pearson 系数）时，就认为量表具有良好的收敛效度。

本研究使用 SPSS 21.0 得到因子载荷系数，各因子载荷系数均大于等于0.7（最小值是 0.700），同时，使用 SmartPLS 3.0 得到 CR 和 AVE，潜变量的 CR 均大于 0.6（最小值是 0.823），AVE 均大于 0.5（最小值是 0.538），故本研究的量表具有良好的区别效度。本研究的因子载荷系数、CR 和 AVE 具体见表 5－4。

表 5－4　因子载荷系数、CR 和 AVE

潜变量	观测变量	因子载荷系数	CR	AVE
知识吸收	XS1	0.745	0.823	0.538
	XS2	0.718		
	XS3	0.770		
	XS4	0.700		
	XS5	0.723		
知识转移	ZY1	0.885	0.874	0.699
	ZY2	0.718		
	ZY3	0.894		
	ZY4	0.726		
	ZY5	0.833		
知识整合	ZH1	0.839	0.873	0.632
	ZH2	0.830		
	ZH3	0.781		
	ZH4	0.726		
	ZH5	0.809		

（续表）

潜变量	观测变量	因子载荷系数	CR	AVE
知识运用	YY1	0.807	0.884	0.656
	YY2	0.776		
	YY3	0.813		
知识创新	CX1	0.828	0.915	0.684
	CX2	0.875		
	CX3	0.883		
	CX4	0.815		
	CX5	0.722		
资源柔性	ZYR1	0.834	0.857	0.601
	ZYR2	0.761		
	ZYR3	0.753		
能力柔性	NLR1	0.803	0.878	0.590
	NLR2	0.835		
	NLR3	0.705		
标准实施效益	XY1	0.824	0.900	0.692
	XY2	0.825		
	XY3	0.833		
	XY4	0.845		
	XY5	0.878		
	XY6	0.851		
	XY6	0.844		

本研究使用 SmartPLS 3.0 得到各潜变量的 Pearson 相关系数，具体见表 5-5。由表 5-5 可见，$\sqrt{AVE}$（即对角线位置上的数据）均大于其他潜变量和潜变量的 pearson 相关系数，故本研究的量表具有良好的收敛效度。

表 5-5　$\sqrt{AVE}$ 和各潜变量的 Pearson 相关系数

	XS	ZY	ZH	YY	CX	ZYR	NLR	XY
XS	**0.734**							
ZY	0.534	**0.836**						
ZH	0.462	0.548	**0.795**					
YY	0.524	0.556	0.536	**0.810**				
CX	0.610	0.551	0.514	0.623	**0.827**			

（续表）

	XS	ZY	ZH	YY	CX	ZYR	NLR	XY
ZYR	0.466	0.390	0.356	0.415	0.505	**0.775**		
NLR	0.607	0.578	0.521	0.615	0.567	0.568	**0.768**	
XY	0.489	0.489	0.459	0.481	0.504	0.379	0.534	**0.832**

第三节　相关性分析

　　相关性分析是指对两个或多个具备相关性的变量元素进行分析，从而衡量变量因素间的相关密切程度，是一种分析客观事物之间相关关系的一种统计方法。Pearson 相关系数是一种线性相关系数，是反映变量间线性相关程度的统计量，其公式为：

$$r = \frac{\sum XY - \frac{\sum X \sum Y}{N}}{\sqrt{\left[\sum X^2 - \frac{(\sum X)^2}{N}\right]\left[\sum Y^2 - \frac{(\sum Y)^2}{N}\right]}} \qquad (5-2)$$

　　Pearson 相关系数的范围为 $[-1,1]$，若 $r>0$，表明变量间是正相关；若 $r<0$，表明变量间是负相关；若 $r=0$，表明非线性相关。r 的绝对值越大表明相关性越强。

　　通常，会用假设和检验来判定变量之间的相关性。将零假设设为两个变量之间不具有线性相关性，若得到的检验统计量的概率 p 值小于给定的显著性水平 α，就拒绝零假设，说明两个变量之间存在显著的线性相关性；反之，如果获得的检验统计量概率 p 值大于给定的显著性水平 α，则接受零假设，两个变量之间不存在显著的线性相关关系。

　　本研究对第三章模型中的各个变量进行相关性分析，探索变量间的相关性程度，对本研究及后续分析有重要意义。

一、知识吸收与战略柔性

1. 知识吸收与资源柔性

研究使用 SPSS 21.0 对知识吸收与资源柔性进行 Pearson 相关性分析，

具体结果见表5-6。XS1、XS2、XS3、XS4、XS5与ZYR1、ZYR2、ZYR3之间全部在0.01水平（双侧）下显著相关。因此，知识吸收与资源柔性具有相关性。

表5-6　知识吸收与资源柔性的相关性分析

		XS1	XS2	XS3	XS4	XS5	ZYR1	ZYR2	ZYR3
XS1	Pearson 相关性	1	0.654**	0.621**	0.603**	0.597**	0.485**	0.545**	0.434**
	显著性（双侧）		0.000	0.000	0.000	0.000	0.000	0.000	0.000
	N		124	124	124	124	124	124	124
XS2	Pearson 相关性	0.654**	1	0.575**	0.611**	0.582**	0.486**	0.508**	0.329**
	显著性（双侧）	0.000		0.000	0.000	0.000	0.000	0.000	0.000
	N	124	124	124	124	124	124	124	124
XS3	Pearson 相关性	0.621**	0.575**	1	0.633**	0.607**	0.508**	0.541**	0.404**
	显著性（双侧）	0.000	0.000		0.000	0.000	0.000	0.000	0.000
	N	124	124	124	124	124	124	124	124
XS4	Pearson 相关性	0.603**	0.611**	0.633**	1	0.609**	0.493**	0.535**	0.417**
	显著性（双侧）	0.000	0.000	0.000		0.000	0.000	0.000	0.000
	N	124	124	124	124	124	124	124	124
XS5	Pearson 相关性	0.597**	0.582**	0.607**	0.609**	1	0.497**	0.522**	0.422**
	显著性（双侧）	0.000	0.000	0.000	0.000		0.000	0.000	0.000
	N	124	124	124	124	124	124	124	124
ZYR1	Pearson 相关性	0.485**	0.486**	0.508**	0.493**	0.497**	1	0.643**	0.599**
	显著性（双侧）	0.000	0.000	0.000	0.000	0.000		0.000	0.000
	N	124	124	124	124	124	124	124	124
ZYR2	Pearson 相关性	0.545**	0.508**	0.541**	0.535**	0.522**	0.643**	1	0.592**
	显著性（双侧）	0.000	0.000	0.000	0.000	0.000	0.000		0.000
	N	124	124	124	124	124	124	124	124
ZYR3	Pearson 相关性	0.434**	0.329**	0.404**	0.417**	0.422**	0.599**	0.592**	1
	显著性（双侧）	0.000	0.000	0.000	0.000	0.000	0.000	0.000	
	N	124	124	124	124	124	124	124	124

** 在0.01水平（双侧）上显著相关。

2. 知识吸收与能力柔性

研究使用 SPSS 21.0 对知识吸收与能力柔性进行 Pearson 相关性分析见表 5-7。XS1、XS2、XS3、XS4、XS5 与 NLR1、NLR2、NLR3 之间的相关性全部在 0.01 水平（双侧）下显著相关。因此，知识吸收与能力柔性具有相关性。

表 5-7　知识吸收与能力柔性的相关性分析

		XS1	XS2	XS3	XS4	XS5	NLR1	NLR2	NLR3
XS1	Pearson 相关性	1	0.654**	0.621**	0.603**	0.597**	0.382**	0.415**	0.391**
	显著性（双侧）		0.000	0.000	0.000	0.000	0.000	0.000	0.000
	N	124	124	124	124	124	124	124	124
XS2	Pearson 相关性	0.654**	1	0.575**	0.611**	0.582**	0.386**	0.410**	0.398**
	显著性（双侧）	0.000		0.000	0.000	0.000	0.000	0.000	0.000
	N	124	124	124	124	124	124	124	124
XS3	Pearson 相关性	0.621**	0.575**	1	0.633**	0.607**	0.471**	0.458**	0.418**
	显著性（双侧）	0.000	0.000		0.000	0.000	0.000	0.000	0.000
	N	124	124	124	124	124	124	124	124
XS4	Pearson 相关性	0.603**	0.611**	0.633**	1	0.609**	0.376**	0.423**	0.405**
	显著性（双侧）	0.000	0.000	0.000		0.000	0.000	0.000	0.000
	N	124	124	124	124	124	124	124	124
XS5	Pearson 相关性	0.597**	0.582**	0.607**	0.609**	1	0.399**	0.427**	0.399**
	显著性（双侧）	0.000	0.000	0.000	0.000		0.000	0.000	0.000
	N	124	124	124	124	124	124	124	124
NLR1	Pearson 相关性	0.382**	0.386**	0.471**	0.376**	0.399**	1	0.528**	0.459**
	显著性（双侧）	0.000	0.000	0.000	0.000	0.000		0.000	0.000
	N	124	124	124	124	124	124	124	124
NLR2	Pearson 相关性	0.415**	0.386**	0.471**	0.376**	0.399**	0.528**	1	0.563**
	显著性（双侧）	0.000	0.000	0.000	0.000	0.000	0.000		0.000
	N	124	124	124	124	124	124	124	124
NLR3	Pearson 相关性	0.391**	0.398**	0.418**	0.405**	0.399**	0.459**	0.563**	1
	显著性（双侧）	0.000	0.000	0.000	0.000	0.000	0.000	0.000	
	N	124	124	124	124	124	124	124	124

** 在 0.01 水平（双侧）上显著相关。

二、知识转移与战略柔性

1. 知识转移与资源柔性

研究使用 SPSS 21.0 对知识转移与资源柔性进行 Pearson 相关性分析,具体结果见表 5 - 8。ZY1、ZY2、ZY3、ZY4、ZY5 与 ZYR1、ZYR2、ZYR3 之间的相关性全部在 0.01 水平(双侧)下显著相关。因此,知识转移与资源柔性具有相关性。

表 5 - 8 知识转移与资源柔性的相关性分析

		ZY1	ZY2	ZY3	ZY4	ZY5	ZYR1	ZYR2	ZYR3
ZY1	Pearson 相关性	1	0.419**	0.433**	0.427**	0.425**	0.405**	0.331**	0.307**
	显著性(双侧)		0.000	0.000	0.000	0.000	0.000	0.000	0.000
	N	124	124	124	124	124	124	124	124
ZY2	Pearson 相关性	0.419**	1	0.593**	0.441**	0.408**	0.279**	0.267**	0.286**
	显著性(双侧)	0.000		0.000	0.000	0.000	0.000	0.000	0.000
	N	124	124	124	124	124	124	124	124
ZY3	Pearson 相关性	0.433**	0.593**	1	0.449**	0.428**	0.297**	0.277**	0.290**
	显著性(双侧)	0.000	0.000		0.000	0.000	0.000	0.000	0.000
	N	124	124	124	124	124	124	124	124
ZY4	Pearson 相关性	0.427**	0.441**	0.449**	1	0.437**	0.324**	0.288**	0.297**
	显著性(双侧)	0.000	0.000	0.000		0.000	0.000	0.000	0.000
	N	124	124	124	124	124	124	124	124
ZY5	Pearson 相关性	0.425**	0.408**	0.428**	0.437**	1	0.315**	0.295**	0.301**
	显著性(双侧)	0.000	0.000	0.000	0.000		0.000	0.000	0.000
	N	124	124	124	124	124	124	124	124
ZYR1	Pearson 相关性	0.405**	0.279**	0.297**	0.324**	0.315**	1	0.643**	0.599**
	显著性(双侧)	0.000	0.000	0.000	0.000	0.000		0.000	0.000
	N	124	124	124	124	124	124	124	124
ZYR2	Pearson 相关性	0.331**	0.267**	0.277**	0.288**	0.295**	0.643**	1	0.592**
	显著性(双侧)	0.000	0.000	0.000	0.000	0.000	0.000		0.000
	N	124	124	124	124	124	124	124	124
ZYR3	Pearson 相关性	0.307**	0.286**	0.290**	0.297**	0.301**	0.599**	0.592**	1
	显著性(双侧)	0.000	0.000	0.000	0.000	0.000	0.000	0.000	
	N	124	124	124	124	124	124	124	124

** 在 0.01 水平(双侧)上显著相关。
* 在 0.05 水平(双侧)上显著相关。

2. 知识转移与能力柔性

研究使用 SPSS 21.0 对知识转移与能力柔性进行 Pearson 相关性分析，具体结果见表 5－9。ZY1、ZY2、ZY3、ZY4、ZY5 与 NLR1、NLR2、NLR3 之间的相关性全部在 0.01 水平（双侧）下显著相关。因此，知识转移与能力柔性具有相关性。

表 5－9　知识转移与能力柔性的相关性分析

		ZY1	ZY2	ZY3	ZY4	ZY5	NLR1	NLR2	NLR3
ZY1	Pearson 相关性	1	0.419**	0.433**	0.427**	0.425**	0.292**	0.299**	0.264**
	显著性（双侧）		0.000	0.000	0.000	0.000	0.000	0.000	0.000
	N		124	124	124	124	124	124	124
ZY2	Pearson 相关性	0.419**	1	0.593**	0.441**	0.408**	0.312**	0.311**	0.250**
	显著性（双侧）	0.000		0.000	0.000	0.000	0.000	0.000	0.000
	N	124		124	124	124	124	124	124
ZY3	Pearson 相关性	0.433**	0.593**	1	0.449**	0.428**	0.293**	0.358**	0.344**
	显著性（双侧）	0.000	0.000		0.000	0.000	0.000	0.000	0.000
	N	124	124		124	124	124	124	124
ZY4	Pearson 相关性	0.427**	0.441**	0.449**	1	0.437**	0.297**	0.324**	0.298**
	显著性（双侧）	0.000	0.000	0.000		0.000	0.000	0.000	0.000
	N	124	124	124		124	124	124	124
ZY5	Pearson 相关性	0.425**	0.408**	0.428**	0.437**	1	0.303**	0.333**	0.314**
	显著性（双侧）	0.000	0.000	0.000	0.000		0.000	0.000	0.000
	N	124	124	124	124		124	124	124
NLR1	Pearson 相关性	0.292**	0.312**	0.293**	0.297**	0.303**	1	0.528**	0.459**
	显著性（双侧）	0.000	0.000	0.000	0.000	0.000		0.000	0.000
	N	124	124	124	124	124		124	124
NLR2	Pearson 相关性	0.299**	0.311**	0.358**	0.324**	0.333**	0.528**	1	0.563**
	显著性（双侧）	0.000	0.000	0.000	0.000	0.000	0.000		0.000
	N	124	124	124	124	124	124		124
NLR3	Pearson 相关性	0.264**	0.250**	0.344**	0.298**	0.314**	0.459**	0.563**	1
	显著性（双侧）	0.000	0.000	0.000	0.000	0.000	0.000	0.000	
	N	124	124	124	124	124	124	124	

** 在 0.01 水平（双侧）上显著相关。
* 在 0.05 水平（双侧）上显著相关。

三、知识整合与战略柔性

1. 知识整合与资源柔性

研究使用 SPSS 21.0 对知识整合与资源柔性进行 Pearson 相关性分析,具体结果见表 5 - 10。ZH1、ZH2、ZH3、ZH4、ZH5 与 ZYR1、ZYR2、ZYR3 之间的相关性全部在 0.01 水平下显著相关。因此,知识整合与资源柔性具有相关性。

表 5 - 10　知识整合与资源柔性的相关性分析

		ZH1	ZH2	ZH3	ZH4	ZH5	ZYR1	ZYR2	ZYR3
ZH1	Pearson 相关性	1	0.615**	0.554**	0.547**	0.562**	0.430**	0.511**	0.443**
	显著性(双侧)		0.000	0.000	0.000	0.000	0.000	0.000	0.000
	N	124	124	124	124	124	124	124	124
ZH2	Pearson 相关性	0.615**	1	0.579**	0.555**	0.598**	0.397**	0.458**	0.478**
	显著性(双侧)	0.000		0.000	0.000	0.000	0.000	0.000	0.000
	N	124	124	124	124	124	124	124	124
ZH3	Pearson 相关性	0.554**	0.579**	1	0.549**	0.567**	0.452**	0.346**	0.399**
	显著性(双侧)	0.000	0.000		0.000	0.000	0.000	0.000	0.000
	N	124	124	124	124	124	124	124	124
ZH4	Pearson 相关性	0.547**	0.555**	0.549**	1	0.561**	0.435**	0.423**	0.424**
	显著性(双侧)	0.000	0.000	0.000		0.000	0.000	0.000	0.000
	N	124	124	124	124	124	124	124	124
ZH5	Pearson 相关性	0.562**	0.598**	0.567**	0.561**	1	0.435**	0.423**	0.424**
	显著性(双侧)	0.000	0.000	0.000	0.000		0.000	0.000	0.000
	N	124	124	124	124	124	124	124	124
ZYR1	Pearson 相关性	0.430**	0.397**	0.452**	0.435**	0.428**	1	0.643**	0.599**
	显著性(双侧)	0.000	0.000	0.000	0.000	0.000		0.000	0.000
	N	124	124	124	124	124	124	124	124
ZYR2	Pearson 相关性	0.511**	0.458**	0.346**	0.423**	0.401**	0.643**	1	0.592**
	显著性(双侧)	0.000	0.000	0.000	0.000	0.000	0.000		0.000
	N	124	124	124	124	124	124	124	124
ZYR3	Pearson 相关性	0.443**	0.478**	0.399**	0.424**	0.434**	0.599**	0.592**	1
	显著性(双侧)	0.000	0.000	0.000	0.000	0.000	0.000	0.000	
	N	124	124	124	124	124	124	124	124

** 在 0.01 水平(双侧)上显著相关。
* 在 0.05 水平(双侧)上显著相关。

2. 知识整合与能力柔性

研究使用 SPSS 21.0 对知识整合与能力柔性进行 Pearson 相关性分析，具体结果见表 5 - 11。ZH1、ZH2、ZH3、ZH4、ZH5 与 NLR1、NLR2、NLR3 之间的相关性全部在 0.01 水平（双侧）下显著相关。因此，知识整合与能力柔性具有相关性。

表 5 - 11　知识整合与能力柔性的相关性分析

		ZH1	ZH2	ZH3	ZH4	ZH5	NLR1	NLR2	NLR3
ZH1	Pearson 相关性	1	0.615**	0.554**	0.547**	0.562**	0.541**	0.449**	0.447**
	显著性（双侧）		0.000	0.000	0.000	0.000	0.000	0.000	0.000
	N	124	124	124	124	124	124	124	124
ZH2	Pearson 相关性	0.615**	1	0.579**	0.555**	0.598**	0.384**	0.379**	0.380**
	显著性（双侧）	0.000		0.000	0.000	0.000	0.000	0.000	0.000
	N	124	124	124	124	124	124	124	124
ZH3	Pearson 相关性	0.554**	0.579**	1	0.549**	0.567**	0.339**	0.417**	0.343**
	显著性（双侧）	0.000	0.000		0.000	0.000	0.000	0.000	0.000
	N	124	124	124	124	124	124	124	124
ZH4	Pearson 相关性	0.547**	0.555**	0.549**	1	0.561**	0.366**	0.383**	0.372**
	显著性（双侧）	0.000	0.000	0.000		0.000	0.000	0.000	0.000
	N	124	124	124	124	124	124	124	124
ZH5	Pearson 相关性	0.562**	0.598**	0.567**	0.561**	1	0.381**	0.394**	0.391**
	显著性（双侧）	0.000	0.000	0.000	0.000		0.000	0.000	0.000
	N	124	124	124	124	124	124	124	124
NLR1	Pearson 相关性	0.541**	0.384**	0.339**	0.366**	0.381**	1	0.528**	0.459**
	显著性（双侧）	0.000	0.000	0.000	0.000	0.000		0.000	0.000
	N	124	124	124	124	124	124	124	124
NLR2	Pearson 相关性	0.449**	0.379**	0.417**	0.383**	0.394**	0.528**	1	0.563**
	显著性（双侧）	0.000	0.000	0.000	0.000	0.000	0.000		0.000
	N	124	124	124	124	124	124	124	124
NLR3	Pearson 相关性	0.447**	0.380**	0.343**	0.372**	0.391**	0.459**	0.563**	1
	显著性（双侧）	0.000	0.000	0.000	0.000	0.000	0.000	0.000	
	N	124	124	124	124	124	124	124	124

** 在 0.01 水平（双侧）上显著相关。
* 在 0.05 水平（双侧）上显著相关。

四、知识运用与战略柔性

1. 知识运用与资源柔性

研究使用 SPSS 21.0 对知识运用与资源柔性进行 Pearson 相关性分析，具体结果见表 5 - 12。YY1、YY2、YY3 与 ZYR1、ZYR2、ZYR3 之间的相关性全部在 0.01 水平(双侧)下显著相关。因此，知识运用与资源柔性具有相关性。

表 5 - 12　知识运用与资源柔性的相关性分析

		YY1	YY2	YY3	ZYR1	ZYR2	ZYR3
YY1	Pearson 相关性	1	0.598**	0.603**	0.441**	0.397**	0.395**
	显著性(双侧)		0.000	0.000	0.000	0.000	0.000
	N	124	124	124	124	124	124
YY2	Pearson 相关性	0.598**	1	0.624**	0.393**	0.512**	0.454**
	显著性(双侧)	0.000		0.000	0.000	0.000	0.000
	N	124	124	124	124	124	124
YY3	Pearson 相关性	0.603**	0.624**	1	0.392**	0.494**	0.406**
	显著性(双侧)	0.000	0.000		0.000	0.000	0.000
	N	124	124	124	124	124	124
ZYR1	Pearson 相关性	0.441**	0.393**	0.392**	1	0.643**	0.599**
	显著性(双侧)	0.000	0.000	0.000		0.000	0.000
	N	124	124	124	124	124	124
ZYR2	Pearson 相关性	0.397**	0.512**	0.494**	0.643**	1	0.592**
	显著性(双侧)	0.000	0.000	0.000	0.000		0.000
	N	124	124	124	124	124	124
ZYR3	Pearson 相关性	0.395**	0.454**	0.406**	599**	0.592**	1
	显著性(双侧)	0.000	0.000	0.000	0.000	0.000	
	N	124	124	124	124	124	124

** 在 0.01 水平(双侧)上显著相关。

2. 知识运用与能力柔性

本研究使用 SPSS 21.0 对知识运用与能力柔性进行 Pearson 相关性分析，具体结果见表 5 - 13。YY1、YY2、YY3 与 NLR1、NLR2、NLR3 之间的相关性全部在 0.01 水平（双侧）下显著相关。因此，知识运用与能力柔性具有相关性。

表 5 - 13　知识运用与能力柔性的相关性分析

		YY1	YY2	YY3	NLR1	NLR2	NLR3
YY1	Pearson 相关性	1	0.598**	0.603**	0.420**	0.429**	0.359**
	显著性（双侧）		0.000	0.000	0.000	0.000	0.000
	N	124	124	124	124	124	124
YY2	Pearson 相关性	0.598**	1	0.624**	0.416**	0.462**	0.442**
	显著性（双侧）	0.000		0.000	0.000	0.000	0.000
	N	124	124	124	124	124	124
YY3	Pearson 相关性	0.603**	0.624**	1	0.448**	0.414**	0.324**
	显著性（双侧）	0.000	0.000		0.000	0.000	0.000
	N	124	124	124	124	124	124
NLR1	Pearson 相关性	0.420**	0.416**	0.448**	1	0.528**	0.459**
	显著性（双侧）	0.000	0.000	0.000		0.000	0.000
	N	124	124	124	124	124	124
NLR2	Pearson 相关性	0.429**	0.462**	0.414**	0.528**	1	0.563**
	显著性（双侧）	0.000	0.000	0.000	0.000		0.000
	N	124	124	124	124	124	124
NLR3	Pearson 相关性	0.359**	0.442**	0.324**	0.459**	0.563**	1
	显著性（双侧）	0.000	0.000	0.000	0.000	0.000	
	N	124	124	124	124	124	124

** 在 0.01 水平（双侧）上显著相关。

五、知识创新与战略柔性

1. 知识创新与资源柔性

研究使用 SPSS 21.0 对知识创新与资源柔性进行 Pearson 相关性分析，结果见表 5 - 14。CX1、CX2、CX3、CX4、CX5 与 ZYR1、ZYR2、ZYR3 之间的相关性多数在 0.01 水平（双侧）下显著相关，其中 CX3 与 ZYR1、CX3 与 ZYR3 的相关性在 0.05 水平（双侧）下显著相关。因此知识创新与资源柔性具有相关性。

表 5‒14 知识创新与资源柔性的相关性分析

		CX1	CX2	CX3	CX4	CX5	ZYR1	ZYR2	ZYR3
CX1	Pearson 相关性	1	0.494**	0.565**	0.537**	0.549**	0.398**	0.396**	0.277**
	显著性(双侧)		0.000	0.000	0.000	0.000	0.000	0.000	0.000
	N	124	124	124	124	124	124	124	124
CX2	Pearson 相关性	0.494**	1	0.441**	0.463**	0.478**	0.256**	0.339**	0.243**
	显著性(双侧)	0.000		0.000	0.000	0.000	0.000	0.000	0.000
	N	124	124	124	124	124	124	124	124
CX3	Pearson 相关性	0.565**	0.441**	1	0.477**	0.481**	0.182*	0.291**	0.157*
	显著性(双侧)	0.000	0.000		0.000	0.000	0.000	0.000	0.000
	N	124	124	124	124	124	124	124	124
CX4	Pearson 相关性	0.537**	0.463**	0.477**	1	0.482**	0.273**	0.305**	0.257**
	显著性(双侧)	0.000	0.000	0.000		0.000	0.000	0.000	0.000
	N	124	124	124	124	124	124	124	124
CX5	Pearson 相关性	0.549**	0.478**	0.481**	0.482**	1	0.294**	0.348**	0.264**
	显著性(双侧)	0.000	0.000	0.000	0.000		0.000	0.000	0.000
	N	124	124	124	124	124	124	124	124
ZYR1	Pearson 相关性	0.398**	0.256**	0.182*	0.273**	0.294**	1	0.643**	0.599**
	显著性(双侧)	0.000	0.000	0.000	0.000	0.000		0.000	0.000
	N	124	124	124	124	124	124	124	124
ZYR2	Pearson 相关性	0.396**	0.339**	0.291**	0.305**	0.348**	0.643**	1	0.592**
	显著性(双侧)	0.000	0.000	0.000	0.000	0.000	0.000		0.000
	N	124	124	124	124	124	124	124	124
ZYR3	Pearson 相关性	0.277**	0.243**	0.157*	0.257**	0.264**	0.599**	0.592**	1
	显著性(双侧)	0.000	0.000	0.000	0.000	0.000	0.000	0.000	
	N	124	124	124	124	124	124	124	124

** 在 0.01 水平(双侧)上显著相关。
* 在 0.05 水平(双侧)上显著相关。

2. 知识创新与能力柔性

研究使用 SPSS 21.0 对知识创新与能力柔性进行 Pearson 相关性分析，具体结果见表 5‒15。CX1、CX2、CX3、CX4、CX5 与 NLR1、NLR2、NLR3 之间的相关性多数在 0.01 水平下显著相关，其中 CX3 与 NLR3、CX5 与 NLR3

的相关性在 0.05 水平下显著相关。因此,知识创新与能力柔性具有相关性。

表 5 - 15　知识创新与能力柔性的相关性分析

		CX1	CX2	CX3	CX4	CX5	NLR1	NLR2	NLR3
CX1	Pearson 相关性	1	0.494**	0.565**	0.537**	0.549**	0.346**	0.381**	0.258**
	显著性(双侧)		0.000	0.000	0.000	0.000	0.000	0.000	0.000
	N	124	124	124	124	124	124	124	124
CX2	Pearson 相关性	0.494**	1	0.441**	0.463**	0.478**	0.258**	0.306**	0.188**
	显著性(双侧)	0.000		0.000	0.000	0.000	0.000	0.000	0.000
	N	124	124	124	124	124	124	124	124
CX3	Pearson 相关性	0.565**	0.441**	1	0.477**	0.481**	0.301**	0.307**	0.145*
	显著性(双侧)	0.000	0.000		0.000	0.000	0.000	0.000	0.000
	N	124	124	124	124	124	124	124	124
CX4	Pearson 相关性	0.537**	0.463**	0.477**	1	0.482**	0.324**	0.356**	0.247**
	显著性(双侧)	0.000	0.000	0.000		0.000	0.000	0.000	0.000
	N	124	124	124	124	124	124	124	124
CX5	Pearson 相关性	0.549**	0.478**	0.481**	0.482**	1	0.331**	0.338**	0.163*
	显著性(双侧)	0.000	0.000	0.000	0.000		0.000	0.000	0.000
	N	124	124	124	124	124	124	124	124
NLR1	Pearson 相关性	0.346**	0.258**	0.301**	0.324**	0.331**	1	0.528**	0.459**
	显著性(双侧)	0.000	0.000	0.000	0.000	0.000		0.000	0.000
	N	124	124	124	124	124	124	124	124
NLR2	Pearson 相关性	0.381**	0.306**	0.307**	0.356**	0.338**	0.528**	1	0.563**
	显著性(双侧)	0.000	0.000	0.000	0.000	0.000	0.000		0.000
	N	124	124	124	124	124	124	124	124
NLR3	Pearson 相关性	0.258**	0.188**	0.145*	0.247**	0.163*	0.459**	0.563**	1
	显著性(双侧)	0.000	0.000	0.000	0.000	0.000	0.000	0.000	
	N	124	124	124	124	124	124	124	124

** 在 0.01 水平(双侧)上显著相关。
* 在 0.05 水平(双侧)上显著相关。

六、知识吸收与标准实施效益

研究使用 SPSS 21.0 对知识吸收与标准实施效益进行 Pearson 相关性

分析,具体结果见表 5‑16。XS1、XS2、XS3、XS4、XS5 与 XY1、XY2、XY3、XY4、XY5、XY6、XY7 之间的相关性全部在 0.01 水平(双侧)下显著相关。因此,知识吸收与标准实施效益具有相关性。

表 5‑16 知识吸收与标准实施效益的相关性分析

		XS1	XS2	XS3	XS4	XS5	XY1	XY3	XY4	XY5	XY6	XY7
XS1	Pearson 相关性	1	0.654**	0.621**	0.603**	0.597**	0.374**	0.352**	0.389**	0.395**	0.402**	0.361**
	显著性 (双侧)		0.000	0.000	0.000	0.000	0.000	0.000	0.000	0.000	0.000	0.000
	N	124	124	124	124	124	124	124	124	124	124	124
XS2	Pearson 相关性	0.654**	1	0.575**	0.611**	0.582**	0.313**	0.387**	0.342**	0.356**	0.326**	0.354**
	显著性 (双侧)	0.000		0.000	0.000	0.000	0.000	0.000	0.000	0.000	0.000	0.000
	N	124	124	124	124	124	124	124	124	124	124	124
XS3	Pearson 相关性	0.621**	0.575**	1	0.633**	0.607**	0.276**	0.353**	0.349**	0.306**	0.318**	0.295**
	显著性 (双侧)	0.000	0.000		0.000	0.000	0.000	0.000	0.000	0.000	0.000	0.000
	N	124	124	124	124	124	124	124	124	124	124	124
XS4	Pearson 相关性	0.603**	0.611**	0.633**	1	0.609**	0.368**	0.364**	0.371**	0.328**	0.389**	0.328**
	显著性 (双侧)	0.000	0.000	0.000		0.000	0.000	0.000	0.000	0.000	0.000	0.000
	N	124	124	124	124	124	124	124	124	124	124	124
XS5	Pearson 相关性	0.597**	0.582**	0.607**	0.609**	1	0.337**	0.346**	0.369**	0.341**	0.353**	0.374**
	显著性 (双侧)	0.000	0.000	0.000	0.000		0.000	0.000	0.000	0.000	0.000	0.000
	N	124	124	124	124	124	124	124	124	124	124	124
XY1	Pearson 相关性	0.374**	0.313**	0.276**	0.368**	0.337**	1	0.526**	0.579**	0.582**	0.593**	0.544**
	显著性 (双侧)	0.000	0.000	0.000	0.000	0.000		0.000	0.000	0.000	0.000	0.000
	N	124	124	124	124	124	124	124	124	124	124	124

（续表）

		XS1	XS2	XS3	XS4	XS5	XY1	XY3	XY4	XY5	XY6	XY7
XY2	Pearson 相关性	0.466 **	0.386 **	0.332 **	0.396 **	0.374 **	0.664 **	0.630 **	0.629 **	0.654 **	0.637 **	0.658 **
	显著性（双侧）	0.000	0.000	0.000	0.000	0.000	0.000	0.000	0.000	0.000	0.000	0.000
	N	124	124	124	124	124	124	124	124	124	124	124
XY3	Pearson 相关性	0.352 **	0.387 **	0.353 **	0.364 **	0.346 **	0.526 **	1	0.599 **	0.578 **	0.582 **	0.601 **
	显著性（双侧）	0.000	0.000	0.000	0.000	0.000	0.000		0.000	0.000	0.000	0.000
	N	124	124	124	124	124	124	124	124	124	124	124
XY4	Pearson 相关性	0.389 **	0.342 **	0.349 **	0.371 **	0.369 **	0.579 **	0.599 **	1	0.586 **	0.617 **	0.623 **
	显著性（双侧）	0.000	0.000	0.000	0.000	0.000	0.000	0.000		0.000	0.000	0.000
	N	124	124	124	124	124	124	124	124	124	124	124
XY5	Pearson 相关性	0.395 **	0.356 **	0.306 **	0.328 **	0.341 **	0.582 **	0.578 **	0.586 **	1	0.633 **	0.626 **
	显著性（双侧）	0.000	0.000	0.000	0.000	0.000	0.000	0.000	0.000		0.000	0.000
	N	124	124	124	124	124	124	124	124	124	124	124
XY6	Pearson 相关性	0.402 **	0.326 **	0.318 **	0.389 **	0.353 **	0.593 **	0.582 **	0.617 **	0.633 **	1	0.624 **
	显著性（双侧）	0.000	0.000	0.000	0.000	0.000	0.000	0.000	0.000	0.000		0.000
	N	124	124	124	124	124	124	124	124	124	124	124
XY7	Pearson 相关性	0.361 **	0.354 **	0.295 **	0.328 **	0.374 **	0.544 **	0.601 **	0.623 **	0.626 **	0.624 **	1
	显著性（双侧）	0.000	0.000	0.000	0.000	0.000	0.000	0.000	0.000	0.000	0.000	
	N	124	124	124	124	124	124	124	124	124	124	124

** 在 0.01 水平（双侧）上显著相关。

七、知识转移与标准实施效益

研究使用 SPSS 21.0 对知识转移与标准实施效益进行 Pearson 相关性分析,具体结果见表 5-17。ZY1、ZY2、ZY3、ZY4、ZY5 与 XY1、XY2、XY3、XY4、XY5、XY6、XY7 之间的相关性全部在 0.01 水平(双侧)下显著相关。因此,知识转移与标准实施效益具有相关性。

表 5-17　知识转移与标准实施效益的相关性分析

		ZY1	ZY2	ZY3	ZY4	ZY5	XY1	XY2	XY3	XY4	XY5	XY6	XY7
ZY1	Pearson 相关性	1	0.419**	0.433**	0.427**	0.425**	0.225**	0.244**	0.297**	0.266**	0.277**	0.283**	0.236**
	显著性(双侧)		0.000	0.000	0.000	0.000	0.000	0.000	0.000	0.000	0.000	0.000	0.000
	N	124	124	124	124	124	124	124	124	124	124	124	124
ZY2	Pearson 相关性	0.419**	1	0.593**	0.441**	0.408**	0.212**	0.285**	0.237**	0.258**	0.249**	0.256**	0.231**
	显著性(双侧)	0.000		0.000	0.000	0.000	0.000	0.000	0.000	0.000	0.000	0.000	0.000
	N	124	124	124	124	124	124	124	124	124	124	124	124
ZY3	Pearson 相关性	0.433**	0.593**	1	0.449**	0.428**	0.267**	0.302**	0.336**	0.288**	0.324**	0.311**	0.279**
	显著性(双侧)	0.000	0.000		0.000	0.000	0.000	0.000	0.000	0.000	0.000	0.000	0.000
	N	124	124	124	124	124	124	124	124	124	124	124	124
ZY4	Pearson 相关性	0.427**	0.441**	0.449**	1	0.437**	0.256**	0.272**	0.304**	0.267**	0.295**	0.283**	0.264**
	显著性(双侧)	0.000	0.000	0.000		0.000	0.000	0.000	0.000	0.000	0.000	0.000	0.000
	N	124	124	124	124	124	124	124	124	124	124	124	124
ZY5	Pearson 相关性	0.425**	0.408**	0.428**	0.437**	1	0.244**	0.263**	0.280**	0.295**	0.256**	0.277**	0.252**
	显著性(双侧)	0.000	0.000	0.000	0.000		0.000	0.000	0.000	0.000	0.000	0.000	0.000
	N	124	124	124	124	124	124	124	124	124	124	124	124

（续表）

		ZY1	ZY2	ZY3	ZY4	ZY5	XY1	XY2	XY3	XY4	XY5	XY6	XY7
XY1	Pearson 相关性	0.225**	0.212**	0.267**	0.256**	0.244**	1	0.664**	0.526**	0.579**	0.582**	0.593**	0.544**
	显著性（双侧）	0.000	0.000	0.000	0.000	0.000		0.000	0.000	0.000	0.000	0.000	0.000
	N	124	124	124	124	124	124	124	124	124	124	124	124
XY2	Pearson 相关性	0.244**	0.285**	0.302**	0.272**	0.263**	0.664**	1	0.630**	0.629**	0.654**	0.637**	0.658**
	显著性（双侧）	0.000	0.000	0.000	0.000	0.000	0.000		0.000	0.000	0.000	0.000	0.000
	N	124	124	124	124	124	124	124	124	124	124	124	124
XY3	Pearson 相关性	0.297**	0.237**	0.336**	0.304**	0.280**	0.526**	0.630**	1	0.599**	0.578**	0.582**	0.601**
	显著性（双侧）	0.000	0.000	0.000	0.000	0.000	0.000	0.000		0.000	0.000	0.000	0.000
	N	124	124	124	124	124	124	124	124	124	124	124	124
XY4	Pearson 相关性	0.266**	0.258**	0.288**	0.267**	0.295**	0.579**	0.629**	0.599**	1	0.586**	0.617**	0.623**
	显著性（双侧）	0.000	0.000	0.000	0.000	0.000	0.000	0.000	0.000		0.000	0.000	0.000
	N	124	124	124	124	124	124	124	124	124	124	124	124
XY5	Pearson 相关性	0.277**	0.249**	0.324**	0.295**	0.256**	0.582**	0.654**	0.578**	0.586**	1	0.633**	0.626**
	显著性（双侧）	0.000	0.000	0.000	0.000	0.000	0.000	0.000	0.000	0.000		0.000	0.000
	N	124	124	124	124	124	124	124	124	124	124	124	124
XY6	Pearson 相关性	0.283**	0.256**	0.311**	0.283**	0.277**	0.593**	0.637**	0.582**	0.617**	0.633**	1	0.624**
	显著性（双侧）	0.000	0.000	0.000	0.000	0.000	0.000	0.000	0.000	0.000	0.000		0.000
	N	124	124	124	124	124	124	124	124	124	124	124	124
XY7	Pearson 相关性	0.236**	0.231**	0.279**	0.264**	0.252**	0.544**	0.658**	0.601**	0.623**	0.626**	0.624**	1
	显著性（双侧）	0.000	0.000	0.000	0.000	0.000	0.000	0.000	0.000	0.000	0.000	0.000	
	N	124	124	124	124	124	124	124	124	124	124	124	124

** 在 0.01 水平（双侧）上显著相关。

八、知识整合与标准实施效益

研究使用 SPSS 21.0 对知识整合与标准实施效益进行 Pearson 相关性分析,具体结果见表 5 - 18。ZH1、ZH2、ZH3、ZH4、ZH5 与 XY1、XY2、XY3、XY4、XY5、XY6、XY7 之间的相关性全部在 0.01 水平(双侧)下显著相关。因此,知识整合与标准实施效益具有相关性。

表 5 - 18 知识整合与标准实施效益的相关性分析

		ZH1	ZH2	ZH3	ZH4	ZH5	XY1	XY2	XY3	XY4	XY5	XY6	XY7
ZH1	Pearson 相关性	1	0.615**	0.554**	0.547**	0.562**	0.296**	0.338**	0.422**	0.356**	0.326**	0.315**	0.374**
	显著性(双侧)		0.000	0.000	0.000	0.000	0.000	0.000	0.000	0.000	0.000	0.000	0.000
	N	124	124	124	124	124	124	124	124	124	124	124	124
ZH2	Pearson 相关性	0.615**	1	0.579**	0.555**	0.598**	0.247**	0.320**	0.323**	0.308**	0.299**	0.281**	0.318**
	显著性(双侧)	0.000		0.000	0.000	0.000	0.000	0.000	0.000	0.000	0.000	0.000	0.000
	N	124	124	124	124	124	124	124	124	124	124	124	124
ZH3	Pearson 相关性	0.554**	0.579**	1	0.549**	0.567**	0.221**	0.284**	0.312**	0.323**	0.346**	0.301**	0.343**
	显著性(双侧)	0.000	0.000		0.000	0.000	0.000	0.000	0.000	0.000	0.000	0.000	0.000
	N	124	124	124	124	124	124	124	124	124	124	124	124
ZH4	Pearson 相关性	0.547**	0.555**	0.549**	1	0.561**	0.277**	0.295**	0.354**	0.348**	0.317**	0.329**	0.333**
	显著性(双侧)	0.000	0.000	0.000		0.000	0.000	0.000	0.000	0.000	0.000	0.000	0.000
	N	124	124	124	124	124	124	124	124	124	124	124	124
ZH5	Pearson 相关性	0.562**	0.598**	0.567**	0.561**	1	0.268**	0.303**	0.347**	0.312**	0.355**	0.321**	0.339**
	显著性(双侧)	0.000	0.000	0.000	0.000		0.000	0.000	0.000	0.000	0.000	0.000	0.000
	N	124	124	124	124	124	124	124	124	124	124	124	124

（续表）

		ZH1	ZH2	ZH3	ZH4	ZH5	XY1	XY2	XY3	XY4	XY5	XY6	XY7
XY1	Pearson 相关性	0.296**	0.247**	0.221**	0.277**	0.268**	1	0.664**	0.526**	0.579**	0.582**	0.593**	0.544**
	显著性（双侧）	0.000	0.000	0.000	0.000	0.000		0.000	0.000	0.000	0.000	0.000	0.000
	N	124	124	124	124	124	124	124	124	124	124	124	124
XY2	Pearson 相关性	0.338**	0.320**	0.284**	0.295**	0.303**	0.664**	1	0.630**	0.629**	0.654**	0.637**	0.658**
	显著性（双侧）	0.000	0.000	0.000	0.000	0.000	0.000		0.000	0.000	0.000	0.000	0.000
	N	124	124	124	124	124	124	124	124	124	124	124	124
XY3	Pearson 相关性	0.422**	0.323**	0.312**	0.354**	0.347**	0.526**	0.630**	1	0.599**	0.578**	0.582**	0.601**
	显著性（双侧）	0.000	0.000	0.000	0.000	0.000	0.000	0.000		0.000	0.000	0.000	0.000
	N	124	124	124	124	124	124	124	124	124	124	124	124
XY4	Pearson 相关性	0.356**	0.308**	0.323**	0.348**	0.312**	0.579**	0.629**	0.599**	1	0.586**	0.617**	0.623**
	显著性（双侧）	0.000	0.000	0.000	0.000	0.000	0.000	0.000	0.000		0.000	0.000	0.000
	N	124	124	124	124	124	124	124	124	124	124	124	124
XY5	Pearson 相关性	0.326**	0.299**	0.346**	0.317**	0.355**	0.582**	0.654**	0.578**	0.586**	1	0.633**	0.626**
	显著性（双侧）	0.000	0.000	0.000	0.000	0.000	0.000	0.000	0.000	0.000		0.000	0.000
	N	124	124	124	124	124	124	124	124	124	124	124	124
XY6	Pearson 相关性	0.315**	0.281**	0.301**	0.329**	0.321**	0.593**	0.637**	0.582**	0.617**	0.633**	1	0.624**
	显著性（双侧）	0.000	0.000	0.000	0.000	0.000	0.000	0.000	0.000	0.000	0.000		0.000
	N	124	124	124	124	124	124	124	124	124	124	124	124
XY7	Pearson 相关性	0.374**	0.318**	0.343**	0.333**	0.339**	0.544**	0.658**	0.601**	0.623**	0.626**	0.624**	1
	显著性（双侧）	0.000	0.000	0.000	0.000	0.000	0.000	0.000	0.000	0.000	0.000	0.000	
	N	124	124	124	124	124	124	124	124	124	124	124	124

** 在 0.01 水平（双侧）上显著相关。
* 在 0.05 水平（双侧）上显著相关。

九、知识运用与标准实施效益

研究使用 SPSS 21.0 对知识运用与标准实施效益进行 Pearson 相关性分析,具体结果见表 5 - 19。YY1、YY2、YY3 与 XY1、XY2、XY3、XY4、XY5、XY6、XY7 之间的相关性全部在 0.01 水平(双侧)下显著相关。因此,知识运用与标准实施效益具有相关性。

表 5 - 19　知识运用与标准实施效益的相关性分析

		YY1	YY2	YY3	XY1	XY2	XY3	XY4	XY5	XY6	XY7
YY1	Pearson 相关性	1	0.598**	0.603**	0.247**	0.255**	0.313**	0.297**	0.304**	0.286**	0.272**
	显著性(双侧)		0.000	0.000	0.000	0.000	0.000	0.000	0.000	0.000	0.000
	N	124	124	124	124	124	124	124	124	124	124
YY2	Pearson 相关性	0.598**	1	0.624**	0.319**	0.333**	0.395**	0.364**	0.377**	0.351**	0.346**
	显著性(双侧)	0.000		0.000	0.000	0.000	0.000	0.000	0.000	0.000	0.000
	N	124	124	124	124	124	124	124	124	124	124
YY3	Pearson 相关性	0.603**	0.624**	1	0.347**	0.417**	0.453**	0.378**	0.392**	0.366**	0.359**
	显著性(双侧)	0.000	0.000		0.000	0.000	0.000	0.000	0.000	0.000	0.000
	N	124	124	124	124	124	124	124	124	124	124
XY1	Pearson 相关性	0.247**	0.319**	0.347**	1	0.664**	0.526**	0.579**	0.582**	0.593**	0.544**
	显著性(双侧)	0.000	0.000	0.000		0.000	0.000	0.000	0.000	0.000	0.000
	N	124	124	124	124	124	124	124	124	124	124
XY2	Pearson 相关性	0.255**	0.333**	0.417**	0.664**	1	0.630**	0.629**	0.654**	0.637**	0.658**
	显著性(双侧)	0.000	0.000	0.000	0.000		0.000	0.000	0.000	0.000	0.000
	N	124	124	124	124	124	124	124	124	124	124

（续表）

		YY1	YY2	YY3	XY1	XY2	XY3	XY4	XY5	XY6	XY7
XY3	Pearson 相关性	0.313**	0.395**	0.453**	0.526**	0.630**	1	0.599**	0.578**	0.582**	0.601**
	显著性（双侧）	0.000	0.000	0.000	0.000	0.000		0.000	0.000	0.000	0.000
	N	124	124	124	124	124	124	124	124	124	124
XY4	Pearson 相关性	0.297**	0.364**	0.378**	0.579**	0.629**	0.599**	1	0.586**	0.617**	0.623**
	显著性（双侧）	0.000	0.000	0.000	0.000	0.000	0.000		0.000	0.000	0.000
	N	124	124	124	124	124	124	124	124	124	124
XY5	Pearson 相关性	0.304**	0.377**	0.392**	0.582**	0.654**	0.578**	0.586**	1	0.633**	0.626**
	显著性（双侧）	0.000	0.000	0.000	0.000	0.000	0.000	0.000		0.000	0.000
	N	124	124	124	124	124	124	124	124	124	124
XY6	Pearson 相关性	0.286**	0.351**	0.366**	0.593**	0.637**	0.582**	0.617**	0.633**	1	0.624**
	显著性（双侧）	0.000	0.000	0.000	0.000	0.000	0.000	0.000	0.000		0.000
	N	124	124	124	124	124	124	124	124	124	124
XY7	Pearson 相关性	0.272**	0.346**	0.359**	0.544**	0.658**	0.601**	0.623**	0.626**	0.624**	1
	显著性（双侧）	0.000	0.000	0.000	0.000	0.000	0.000	0.000	0.000	0.000	
	N	124	124	124	124	124	124	124	124	124	124

** 在 0.01 水平（双侧）上显著相关。
* 在 0.05 水平（双侧）上显著相关。

十、知识创新与标准实施效益

研究使用 SPSS 21.0 对知识创新与标准实施效益进行 Pearson 相关性分析，具体结果见表 5 - 20。CX1、CX2、CX3、CX4、CX5 与 XY1、XY2、XY3、XY4、XY5、XY6、XY7 之间的相关性全部在 0.01 水平（双侧）下显著相关。因此，知识创新与标准实施效益具有相关性。

表 5 - 20　知识创新与标准实施效益的相关性分析

		CX1	CX2	CX3	CX4	CX5	XY1	XY2	XY3	XY4	XY5	XY6	XY7
CX1	Pearson 相关性	1	0.494**	0.565**	0.537**	0.549**	0.424**	0.480**	0.501**	0.463**	0.472**	0.495**	0.457**
	显著性（双侧）		0.000	0.000	0.000	0.000	0.000	0.000	0.000	0.000	0.000	0.000	0.000
	N	124	124	124	124	124	124	124	124	124	124	124	124
CX2	Pearson 相关性	0.494**	1	0.441**	0.463**	0.478**	0.303**	0.380**	0.354**	0.378**	0.362**	0.351**	0.384**
	显著性（双侧）	0.000		0.000	0.000	0.000	0.000	0.000	0.000	0.000	0.000	0.000	0.000
	N	124	124	124	124	124	124	124	124	124	124	124	124
CX3	Pearson 相关性	0.565**	0.441**	1	0.477**	0.481**	0.268**	0.259**	0.344**	0.286**	0.295**	0.301**	0.323**
	显著性（双侧）	0.000	0.000		0.000	0.000	0.000	0.000	0.000	0.000	0.000	0.000	0.000
	N	124	124	124	124	124	124	124	124	124	124	124	124
CX4	Pearson 相关性	0.537**	0.463**	0.477**	1	0.482**	0.389**	0.399**	0.427**	0.355**	0.377**	0.401**	0.392**
	显著性（双侧）	0.000	0.000	0.000		0.000	0.000	0.000	0.000	0.000	0.000	0.000	0.000
	N	124	124	124	124	124	124	124	124	124	124	124	124
CX5	Pearson 相关性	0.549**	0.478**	0.481**	0.482**	1	0.357**	0.374**	0.396**	0.368**	0.361**	0.375**	0.369**
	显著性（双侧）	0.000	0.000	0.000	0.000		0.000	0.000	0.000	0.000	0.000	0.000	0.000
	N	124	124	124	124	124	124	124	124	124	124	124	124
XY1	Pearson 相关性	0.424**	0.303**	0.268**	0.389**	0.357**	1	0.664**	0.526**	0.579**	0.582**	0.593**	0.544**
	显著性（双侧）	0.000	0.000	0.000	0.000	0.000		0.000	0.000	0.000	0.000	0.000	0.000
	N	124	124	124	124	124	124	124	124	124	124	124	124
XY2	Pearson 相关性	0.480**	0.380**	0.259**	0.399**	0.374**	0.664**	1	0.630**	0.629**	0.654**	0.637**	0.658**
	显著性（双侧）	0.000	0.000	0.000	0.000	0.000	0.000		0.000	0.000	0.000	0.000	0.000
	N	124	124	124	124	124	124	124	124	124	124	124	124

（续表）

		CX1	CX2	CX3	CX4	CX5	XY1	XY2	XY3	XY4	XY5	XY6	XY7
XY3	Pearson 相关性	0.501**	0.354**	0.344**	0.427**	0.396**	0.526**	0.630**	1	0.599**	0.578**	0.582**	0.601**
	显著性（双侧）	0.000	0.000	0.000	0.000	0.000	0.000	0.000		0.000	0.000	0.000	0.000
	N	124	124	124	124	124	124	124	124	124	124	124	124
XY4	Pearson 相关性	0.463**	0.378**	0.286**	0.355**	0.368**	0.579**	0.629**	0.599**	1	0.586**	0.617**	0.623**
	显著性（双侧）	0.000	0.000	0.000	0.000	0.000	0.000	0.000	0.000		0.000	0.000	0.000
	N	124	124	124	124	124	124	124	124	124	124	124	124
XY5	Pearson 相关性	0.472**	0.362**	0.295**	0.377**	0.361**	0.582**	0.654**	0.578**	0.586**	1	0.633**	0.626**
	显著性（双侧）	0.000	0.000	0.000	0.000	0.000	0.000	0.000	0.000	0.000		0.000	0.000
	N	124	124	124	124	124	124	124	124	124	124	124	124
XY6	Pearson 相关性	0.495**	0.351**	0.301**	0.401**	0.375**	0.593**	0.637**	0.582**	0.617**	0.633**	1	0.624**
	显著性（双侧）	0.000	0.000	0.000	0.000	0.000	0.000	0.000	0.000	0.000	0.000		0.000
	N	124	124	124	124	124	124	124	124	124	124	124	124
XY7	Pearson 相关性	0.457**	0.384**	0.323**	0.392**	0.369**	0.544**	0.658**	0.601**	0.623**	0.626**	0.624**	1
	显著性（双侧）	0.000	0.000	0.000	0.000	0.000	0.000	0.000	0.000	0.000	0.000	0.000	
	N	124	124	124	124	124	124	124	124	124	124	124	124

** 在 0.01 水平（双侧）上显著相关。
* 在 0.05 水平（双侧）上显著相关。

十一、战略柔性与标准实施效益

1. 资源柔性与标准实施效益

研究使用 SPSS 21.0 对资源柔性与标准实施效益进行 Pearson 相关性分析，具体结果见表 5 - 21。ZYR1、ZYR2、ZYR3 与 XY1、XY2、XY3、XY4、XY5、XY6、XY7 之间的相关性全部在 0.01 水平（双侧）下显著相关。因此，资源柔性与标准实施效益具有相关性。

表 5 - 21　资源柔性与标准实施效益的相关性分析

		ZYR1	ZYR2	ZYR3	XY1	XY2	XY3	XY4	XY5	XY6	XY7
ZYR1	Pearson 相关性	1	0.643 **	0.599 **	0.347 **	0.402 **	0.324 **	0.369 **	0.378 **	0.385 **	0.354 **
	显著性（双侧）		0.000	0.000	0.000	0.000	0.000	0.000	0.000	0.000	0.000
	N	124	124	124	124	124	124	124	124	124	124
ZYR2	Pearson 相关性	0.643 **	1	0.592 **	0.389 **	0.515 **	0.430 **	0.423 **	0.477 **	0.492 **	0.451 **
	显著性（双侧）	0.000		0.000	0.000	0.000	0.000	0.000	0.000	0.000	0.000
	N	124	124	124	124	124	124	124	124	124	124
ZYR3	Pearson 相关性	599 **	0.592 **	1	0.271 **	0.302 **	0.275 **	0.297 **	0.283 **	0.288 **	0.294 **
	显著性（双侧）	0.000	0.000		0.000	0.000	0.000	0.000	0.000	0.000	0.000
	N	124	124	124	124	124	124	124	124	124	124
XY1	Pearson 相关性	0.347 **	0.389 **	0.271 **	1	0.664 **	0.526 **	0.579 **	0.582 **	0.593 **	0.544 **
	显著性（双侧）	0.000	0.000	0.000		0.000	0.000	0.000	0.000	0.000	0.000
	N	124	124	124	124	124	124	124	124	124	124
XY2	Pearson 相关性	0.402 **	0.515 **	0.302 **	0.664 **	1	0.630 **	0.629 **	0.654 **	0.637 **	0.658 **
	显著性（双侧）	0.000	0.000	0.000	0.000		0.000	0.000	0.000	0.000	0.000
	N	124	124	124	124	124	124	124	124	124	124
XY3	Pearson 相关性	0.324 **	0.430 **	0.275 **	0.526 **	0.630 **	1	0.599 **	0.578 **	0.582 **	0.601 **
	显著性（双侧）	0.000	0.000	0.000	0.000	0.000		0.000	0.000	0.000	0.000
	N	124	124	124	124	124	124	124	124	124	124
XY4	Pearson 相关性	0.369 **	0.423 **	0.297 **	0.579 **	0.629 **	0.599 **	1	0.586 **	0.617 **	0.623 **
	显著性（双侧）	0.000	0.000	0.000	0.000	0.000	0.000		0.000	0.000	0.000
	N	124	124	124	124	124	124	124	124	124	124

（续表）

		ZYR1	ZYR2	ZYR3	XY1	XY2	XY3	XY4	XY5	XY6	XY7
XY5	Pearson 相关性	0.378**	0.477**	0.283**	0.582**	0.654**	0.578**	0.586**	1	0.633**	0.626**
	显著性（双侧）	0.000	0.000	0.000	0.000	0.000	0.000	0.000		0.000	0.000
	N	124	124	124	124	124	124	124	124	124	124
XY6	Pearson 相关性	0.385**	0.492**	0.288**	0.593**	0.637**	0.582**	0.617**	0.633**	1	0.624**
	显著性（双侧）	0.000	0.000	0.000	0.000	0.000	0.000	0.000	0.000		0.000
	N	124	124	124	124	124	124	124	124	124	124
XY7	Pearson 相关性	0.354**	0.451**	0.294**	0.544**	0.658**	0.601**	0.623**	0.626**	0.624**	1
	显著性（双侧）	0.000	0.000	0.000	0.000	0.000	0.000	0.000	0.000	0.000	
	N	124	124	124	124	124	124	124	124	124	124

** 在 0.01 水平（双侧）上显著相关。

2. 能力柔性与标准实施效益

研究使用 SPSS 21.0 对能力柔性与标准实施效益进行 Pearson 相关性分析，具体结果见表 5-22。ZYR1、ZYR2、ZYR3 与 XY1、XY2、XY3、XY4、XY5、XY6、XY7 之间的相关性全部在 0.01 水平（双侧）下显著相关。因此，能力柔性与标准实施效益具有相关性。

表 5-22 能力柔性与标准实施效益的相关性分析

		NYR1	NLR2	NLR3	XY1	XY2	XY3	XY4	XY5	XY6	XY7
NLR1	Pearson 相关性	1	0.528**	0.459**	0.280**	0.326**	0.362**	0.348**	0.295**	0.317**	0.354**
	显著性（双侧）		0.000	0.000	0.000	0.000	0.000	0.000	0.000	0.000	0.000
	N	124	124	124	124	124	124	124	124	124	124
NLR2	Pearson 相关性	0.528**	1	0.563**	0.442**	0.422**	0.395**	0.403**	0.417**	0.438**	0.429**
	显著性（双侧）	0.000		0.000	0.000	0.000	0.000	0.000	0.000	0.000	0.000
	N	124	124	124	124	124	124	124	124	124	124

（续表）

		NYR1	NLR2	NLR3	XY1	XY2	XY3	XY4	XY5	XY6	XY7
NLR3	Pearson 相关性	0.459**	0.563**	1	0.311**	0.221**	0.265**	0.277**	0.294**	0.283**	0.302**
	显著性（双侧）	0.000	0.000		0.000	0.000	0.000	0.000	0.000	0.000	0.000
	N	124	124	124	124	124	124	124	124	124	124
XY1	Pearson 相关性	0.280**	0.442**	0.311**	1	0.664**	0.526**	0.579**	0.582**	0.593**	0.544**
	显著性（双侧）	0.000	0.000	0.000		0.000	0.000	0.000	0.000	0.000	0.000
	N	124	124	124	124	124	124	124	124	124	124
XY2	Pearson 相关性	0.326**	0.422**	0.221**	0.664**	1	0.630**	0.629**	0.654**	0.637**	0.658**
	显著性（双侧）	0.000	0.000	0.000	0.000		0.000	0.000	0.000	0.000	0.000
	N	124	124	124	124	124	124	124	124	124	124
XY3	Pearson 相关性	0.362**	0.395**	0.265**	0.526**	0.630**	1	0.599**	0.578**	0.582**	0.601**
	显著性（双侧）	0.000	0.000	0.000	0.000	0.000		0.000	0.000	0.000	0.000
	N	124	124	124	124	124	124	124	124	124	124
XY4	Pearson 相关性	0.348**	0.403**	0.277**	0.579**	0.629**	0.599**	1	0.586**	0.617**	0.623**
	显著性（双侧）	0.000	0.000	0.000	0.000	0.000	0.000		0.000	0.000	0.000
	N	124	124	124	124	124	124	124	124	124	124
XY5	Pearson 相关性	0.295**	0.417**	0.294**	0.582**	0.654**	0.578**	0.586**	1	0.633**	0.626**
	显著性（双侧）	0.000	0.000	0.000	0.000	0.000	0.000	0.000		0.000	0.000
	N	124	124	124	124	124	124	124	124	124	124
XY6	Pearson 相关性	0.317**	0.438**	0.283**	0.593**	0.637**	0.582**	0.617**	0.633**	1	0.624**
	显著性（双侧）	0.000	0.000	0.000	0.000	0.000	0.000	0.000	0.000		0.000
	N	124	124	124	124	124	124	124	124	124	124

		NYR1	NLR2	NLR3	XY1	XY2	XY3	XY4	XY5	XY6	XY7
XY7	Pearson 相关性	0.354 **	0.429 **	0.302 **	0.544 **	0.658 **	0.601 **	0.623 **	0.626 **	0.624 **	1
	显著性（双侧）	0.000	0.000	0.000	0.000	0.000	0.000	0.000	0.000	0.000	
	N	124	124	124	124	124	124	124	124	124	124

** 在 0.01 水平（双侧）上显著相关。
* 在 0.05 水平（双侧）上显著相关。

第四节　结构方程模型

结构方程模型（SEM）是近 30 年应用统计学领域中发展最为迅速的一个分支。结构方程模型的应用始见于 20 世纪 60 年代发表的论文中。1987年洛林用路径分析模型和结构方程模型对隐变量模型做了出色的介绍，1989 年博伦提出了处理测量误差模型的更专业化的统计方法。在 20 世纪 90 年代，结构方程模型得到了广泛的应用。目前，结构方程模型已经发展成一个内容非常丰富的重要领域[1]。

结构方程模型的广泛应用，是基于它的允许误差的存在；设定具有更大的弹性；可同时估计因子间的结构和关系；理论先验性包含多种统计技术；多种指标进行研判的特性[2]。通过多变量的交互关系的定量研究，获得因素和路径分析的结果。

一、模型构建

模型构建是结构方程模型应用的基础，依据已有的经验或理论事先假设，通过相关研究建立观察变量与潜变量以及潜变量间的关系。模型构建主要包括：确定潜变量，选择观察变量，构建基本的理论模型。

本书在研究技术标准联盟内部的知识协同与标准实施效益的关系时，

---

① 何晓群.多元统计分析[M].北京：中国人民大学出版社，2015：121-167.
② 卞玉梅.结构方程模型研究及其应用[D].大连：大连海事大学，2017：23-27.

加入了战略柔性这一中介变量,并将其分为资源柔性和能力柔性两个维度。在自变量技术标准联盟的知识协同要素中,知识吸收、知识转移、知识整合、知识创新各自包含 5 个观测变量,知识运用包含 3 个观测变量;资源柔性和能力柔性这 2 个中介变量各包含 3 个观测变量;因变量标准实施效益包含 7 个观测变量。根据上述 8 个潜变量、36 个观察变量和假设关系,本研究构建的结构方程模型见图 5-1。

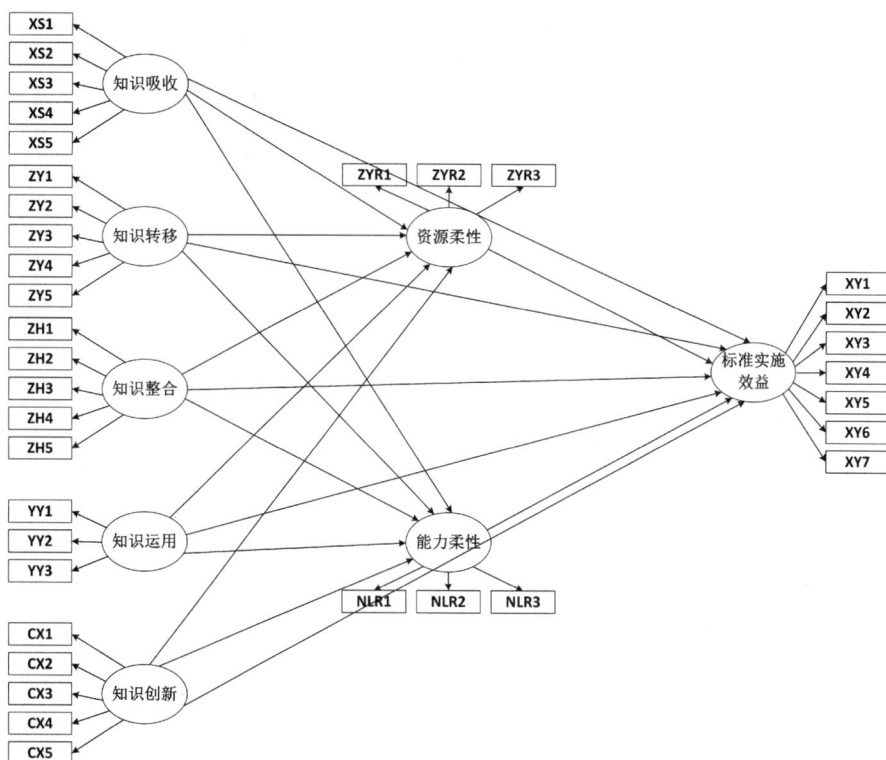

图 5-1 本研究构建的结构方程模型

二、模型拟合与评价

模型拟合是对构建的结构方程模型是否符合实际情况的验证阶段,主要是对模型进行参数估计。PLS 所使用的模型拟合指数包括:

1) 决定系数(R^2)

当 $R^2 > 0.67$ 时,表示模型具有很强的解释力;当 $0.33 < R^2 \leqslant 0.67$ 时,表

示具有中度解释能力；当 $0.19 < R^2 \leqslant 0.33$ 时,表示解释能力较弱；当 $R^2 \leqslant 0.19$ 时,其解释力不可接受。

2）预测相关性（Q^2）

Q^2 是利用其他潜在变量来预测观察变量,以评估模型。当 $Q^2 > 0$,表示模型具有预测相关性。Q^2 越大,代表预测相关性越强。

3）拟合优度（GoF）

GoF 是外生模型的平均公因子方差和内生模型的决定系数的几何平均数。GoF 越大,表示模型的拟合程度越好,具有更强的解释力。当 $GoF > 0.36$ 时,拟合程度较好。

本研究使用 SmartPLS 3.0 对构建的模型进行拟合分析,得到的结果见表 5-23。模型的 GoF 是 $0.606 > 0.36$,说明拟合程度较好。由表 5-23 可知,R^2 均大于 0.67,说明模型具有很强的解释力,Q^2 均大于 0,说明模型具有预测相关性。综上所述,各参数均大于适配模型的标准,模型可以与样本数据匹配。

表 5-23 模型拟合分析

	R^2	Q^2	
		交叉验证的公因子方差	交叉验证的重叠性
知识吸收	/	0.094	/
知识转移	/	0.173	/
知识整合	/	0.165	/
知识运用	/	0.241	/
知识创新	/	0.392	/
资源柔性	0.820	0.230	0.224
能力柔性	0.748	0.678	0.495
标准实施效益	0.907	0.156	0.167

三、路径分析

路径分析的主要目的是检验假设的准确和可靠程度,测量变量间因果关系的强弱。研究的路径分析结果见图 5-2 和表 5-24。

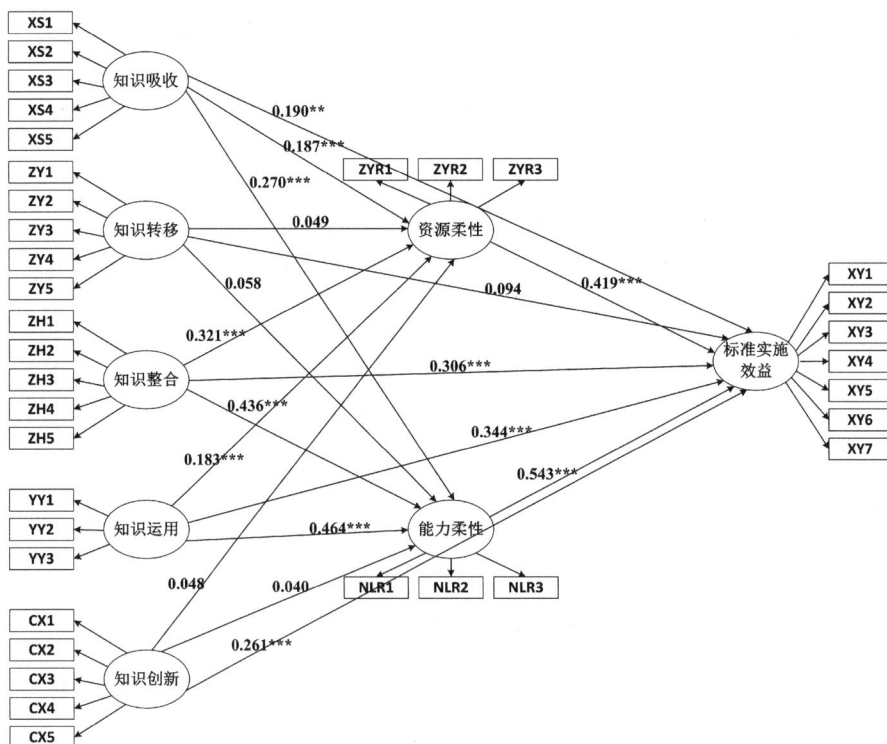

图 5-2 路径系数图

表 5-24 路径分析结果

序号	路 径	路径系数	t 值
H1	知识吸收→资源柔性	0.187 ***	3.390
H2	知识转移→资源柔性	0.049	0.481
H3	知识整合→资源柔性	0.321 ***	7.777
H4	知识运用→资源柔性	0.183 ***	3.587
H5	知识创新→资源柔性	0.048	1.454
H6	知识吸收→能力柔性	0.270 ***	5.698
H7	知识转移→能力柔性	0.058	1.447
H8	知识整合→能力柔性	0.436 ***	8.020
H9	知识运用→能力柔性	0.464 ***	8.368
H10	知识创新→能力柔性	0.040	0.731
H11	知识吸收→标准实施效益	0.190 **	2.404

（续表）

序号	路　径	路径系数	t 值
H12	知识转移→标准实施效益	0.094	1.543
H13	知识整合→标准实施效益	0.306***	4.991
H14	知识运用→标准实施效益	0.344***	5.463
H15	知识创新→标准实施效益	0.261***	5.608
H16	资源柔性→标准实施效益	0.419***	8.037
H17	能力柔性→标准实施效益	0.543***	9.046

第五节　假设验证结果与讨论

17 个假设的验证结果如表 5 - 25 所示。

表 5 - 25　假设验证结果

序号	假　设　内　容	结　果
H1	技术标准联盟内部的知识吸收与标准实施效益存在正相关关系	成　立
H2	技术标准联盟内部的知识转移与标准实施效益存在正相关关系	不成立
H3	技术标准联盟内部的知识整合与标准实施效益存在正相关关系	成　立
H4	技术标准联盟内部的知识运用与标准实施效益存在正相关关系	成　立
H5	技术标准联盟内部的知识创新与标准实施效益存在正相关关系	成　立
H6	技术标准联盟内部的知识吸收与资源柔性存在正相关关系	成　立
H7	技术标准联盟内部的知识转移与资源柔性存在正相关关系	不成立
H8	技术标准联盟内部的知识整合与资源柔性存在正相关关系	成　立
H9	技术标准联盟内部的知识运用与资源柔性存在正相关关系	成　立
H10	技术标准联盟内部的知识创新与资源柔性存在正相关关系	不成立
H11	技术标准联盟内部的知识吸收与能力柔性存在正相关关系	成　立
H12	技术标准联盟内部的知识转移与能力柔性存在正相关关系	不成立
H13	技术标准联盟内部的知识整合与能力柔性存在正相关关系	成　立
H14	技术标准联盟内部的知识运用与能力柔性存在正相关关系	成　立
H15	技术标准联盟内部的知识创新与能力柔性存在正相关关系	不成立
H16	技术标准联盟内部的资源柔性与标准实施效益存在正相关关系	成　立
H17	技术标准联盟内部的能力柔性与标准实施效益存在正相关关系	成　立

一、通过检验的假设关系讨论

1. 知识协同对标准实施效益的影响

H1 的假设内容为"技术标准联盟内部的知识吸收与标准实施效益存在正相关关系",假设通过验证。知识吸收可以增加企业知识的广度和深度,降低产品开发周期,满足市场需求,提升企业的产品价值和顾客价值。该结论说明技术标准联盟内企业原有的知识基础、对新知识的识别能力和有效获取知识的能力可以使企业获得更多的新知识,提升企业的知识存量,增加知识活力,降低知识成本,对提高产品和服务的质量有显著的促进作用,从而提升标准实施效益。

H3 的假设内容为"技术标准联盟内部的知识整合与标准实施效益存在正相关关系",假设通过验证。技术标准联盟内企业在理解和掌握新知识后,对新知识进行调整和改进,能有效改善知识结构,并提升知识的价值,将新知识与原有知识整合在一起发挥更大的作用。知识的更新和重构,能帮助企业提升研发能力,加快产品的更新换代和产品线的优化组合,使产品或服务与市场顺利对接,进而提高市场占有速度及顾客满意度[1]。知识的有效整合可以帮助企业快速地将知识转化为核心竞争力,形成可持续的发展优势;还可以帮助企业改善知识结构,因此,在技术标准联盟内,知识整合可以促进标准实施效益[2]。

H4 的假设内容为"技术标准联盟内部的知识运用与标准实施效益存在正相关关系",假设通过验证。知识运用是渐进式的创新活动,可以改善现有产品的质量、丰富现有产品的品种、拓宽销售渠道、满足市场需求、提供更优质的服务。企业知识的充分认知运用能帮助企业指导生产经营、克服刚性运作模式、促进知识创造,以共同提高竞争力[3]。技术标准联盟内企业运用知识可以使知识转化为生产力,物化到生产实践中,最终转化为产品价值或市场价值,从而提升标准实施效益。

---

① DEBOER M. Managing organizational knowledge integration in the emerging multimedia complex[J]. Journal of Management Studies,1999(3):379-398.

② 曹兴,徐焕均,刘芳.企业内部知识流动行为及其影响因素研究[J].财经理论与实践,2009,30(4):69-74.

③ 郑素丽,章威,吴晓波.基于知识的动态能力:理论与实证[J].科学学研究,2010,28(3):405-411.

H5 的假设内容为"技术标准联盟内部的知识创新与标准实施效益存在正相关关系"，假设通过验证。知识创新有利于知识积累，可以优化企业的知识和资源配置，培育核心能力，促进企业变革，完善企业战略、组织结构和规章制度等，改进现有生产（服务）水平，提高技术和质量，获得更高的市场认可度和市场份额，提升企业的竞争优势，从而提高企业的绩效。

2. 知识协同对战略柔性的影响

H6 的假设内容为"技术标准联盟内部的知识吸收与资源柔性存在正相关关系"，假设通过验证。H11 的假设内容为"技术标准联盟内部的知识吸收与能力柔性存在正相关关系"，假设通过验证。技术标准联盟内企业通过知识吸收，扩大了知识容量，完善了知识体系，使得本来属于联盟或联盟内其他企业的资源延伸到企业内部，可以扩大资源的使用范围，减少资源的使用成本。由于联盟内企业知识资源的交叉，使得企业适应环境变化的能力增强。

H8 的假设内容为"技术标准联盟内部的知识整合与资源柔性存在正相关关系"，假设通过验证。H13 的假设内容为"技术标准联盟内部的知识整合与能力柔性存在正相关关系"，假设通过验证。企业从外界获取的知识具有异质性，直接吸收和转移的知识并不能被直接运用和创新，企业需要对知识进行调整和整合，才能使新知识和原有知识相互融合，形成新的知识体系，帮助企业更好地使用资源、协调资源转变、应对环境变化。通过有效的知识整合，企业之间可以跨越各自企业的知识体系界限，打破局限性，挖掘不同知识的内在价值，降低知识冗余造成的繁琐和复杂，缩短研发时间，控制研发风险，持续提升企业的资源柔性和能力柔性。

H9 的假设内容为"技术标准联盟内部的知识运用与资源柔性存在正相关关系"，假设通过验证。H14 的假设内容为"技术标准联盟内部的知识运用与能力柔性存在正相关关系"，假设通过验证。有效的知识运用，可以使企业更简单地转变资源的使用范围、降低成本、节约时间，并且能灵活地调整流程，提高企业在变化环境下的适应性和稳定性，改善刚性运作状态，提升企业柔性。技术标准联盟内企业通过对彼此知识资源的持续学习和有效利用，能够对自身的规划、组织、协调、决策做出适应性调整。知识基的扩充和创新性知识的产生能使企业对联盟内各种不确定性变化做出更准确的预测和更客观的决策。

3. 战略柔性对标准实施效益的影响

H16 的假设内容为"技术标准联盟内部的资源柔性与标准实施效益存在正相关关系",假设通过验证。这一结论说明了资源在不同价值环节的企业之间转变使用时,转变难度和转变成本决定了使用频率,所以资源转变在无形中扩大了知识资源的容量,降低了知识创新的成本。企业接触到的不同来源与类型的知识,可以协调企业的运行状况,提升研发水平,把握市场机遇与预估风险,扩大市场占有率。

H17 的假设内容为"技术标准联盟内部的能力柔性与标准实施效益存在正相关关系",假设通过验证。这一结论说明了技术标准联盟内企业可以灵活应对外部环境的变化,拥有迅速改变并适应联盟内运行的能力、高效调整和配置资源的能力,从而能够平衡企业内外的合作,增加顾客满意程度,提高企业绩效。

二、未通过检验的假设关系讨论

对于 H2、H7、H12、H10、H15 这 5 条未通过验证的假设关系,虽然有国内外学者的研究作支撑证明其成立,但是由于对变量的内涵界定以及量表开发时的侧重点不同,最终的结果也有所不同。

H2 的假设内容为"技术标准联盟内部的知识吸收与标准实施效益存在正相关关系",假设未通过验证。虽然技术标准联盟内线上和线下的多种知识转移方式,与标准实施效益的相关指标没有直接相关关系,但是知识转移与知识吸收、知识整合、知识运用和知识创新等其他知识行为存在一定程度的相关关系,会对其他相关的知识行为造成影响,从而间接影响到标准实施效益。

H7 的假设内容为"技术标准联盟内部的知识转移与资源柔性存在正相关关系",假设未通过验证。H12 的假设内容为"技术标准联盟内部的知识转移与能力柔性存在正相关关系",假设未通过验证。技术标准联盟内的知识转移方式,对资源在不同企业用于生产实践时所需的转换成本、转换时间、转换难易程度尚无明显促进作用;对于面临外部环境变化时的机会或威胁,通过资源配置、流程重构等方式快速应对的能力也无明显促进作用。

H10 的假设内容为"技术标准联盟内部的知识创新与资源柔性存在正

相关关系"，假设未通过验证。H15 的假设内容为"技术标准联盟内部的知识创新与能力柔性存在正相关关系"，假设未通过验证。相较于知识协同过程的其他阶段，知识创新较为复杂，所包含的内容也较多，是企业在知识吸收、转移、整合、应用的基础上，探索新的规律，创造并拥有新知识的过程。实证的结果表明知识创新并未有效提升资源柔性和能力柔性。

三、战略柔性的中介作用讨论

从影响程度上看，知识协同过程的各个阶段对标准实施效益的直接效应、间接效应和总效应见表 5 - 26。

表 5 - 26　直接效应、间接效应和总效应

效应类型	知识吸收	知识转移	知识整合	知识运用	知识创新
直接效应	0.190	0	0.306	0.344	0.261
间接效应	0.268	0	0.421	0.308	0
总效应	0.458	0	0.727	0.652	0.261

知识吸收对标准实施效益的直接效应是 0.190，间接效应是 0.268，总效应是 0.458，其中直接效应占总效应的 41.48%，间接效应占总效应的 58.52%，可见在知识转移对标准实施效益的影响作用中，间接效应起到的作用比较大，中介变量发挥了较大的作用。这说明了技术标准联盟内企业对外部知识的识别和定位能力、吸收能力、对外来知识的解码能力以及对成员吸收外部知识的激励性政策能够直接促进标准实施效益的相关指标，同时也能够促进技术标准联盟内企业对资源的运用和转换以及对外部威胁的感知、对外部变化快速响应的柔性能力，进而提高标准实施效益。

知识整合对标准实施效益的直接效应是 0.306，间接效应是 0.421，总效应是 0.727，其中直接效应占总效应的 42.09%，间接效应占总效应的 57.91%，可见在知识整合对标准实施效益的影响作用中，间接效应起到的作用比较大，中介变量发挥了较大的作用。这说明了技术标准联盟内企业对新知识的理解掌握、适应性改进和整理归档能够直接促进标准实施效益的相关指标，也能够间接地通过促进技术标准联盟内对资源的运用和转换以及对外部威胁的感知、对外部变化快速响应的柔性能力，进而提高标准实施

效益。

　　知识运用对标准实施效益的直接效应是 0.344,间接效应是 0.308,总效应是 0.652,其中直接效应占总效应的 52.76%,间接效应占总效应的 47.24%,可见在知识运用对标准实施效益的影响作用中,直接效应起到的作用略大,中介变量发挥了一定的作用。这说明了技术标准联盟内企业运用新知识开发新产品的能力、规避错误及风险的能力和迅速对接知识源的能力能够直接促进标准实施效益的相关指标,也能够间接地通过促进技术标准联盟内对资源的运用和转换以及对外部威胁的感知、对外部变化快速响应的柔性能力,进而提高标准实施效益。

　　知识创新对标准实施效益的直接效应是 0.261,间接效应是 0,总效应是 0.261,其中直接效应占总效应的 100%,可见在知识创新对标准实施效益的影响作用中,直接效应起到全部作用,中介变量没有发挥作用。这说明了技术标准联盟内企业在知识吸收、转移、整合、应用的基础上,探索新的规律,创造并拥有新知识可以直接促进标准实施效益,不需要战略柔性做中介。

第六章
技术标准联盟知识协同的案例

不同类型的技术标准联盟的知识协同过程存在着一定差异,而这种差异会导致联盟产生的标准实施效益不同。为了深入分析不同类型的技术标准联盟的知识协同特点,本书根据政府和市场在技术标准联盟标准化活动中的参与程度,将技术标准联盟的类型分为"偏市场型""完全市场型"和"偏政府型"。并选取欧洲电信标准协会(European Telecommunications Standards Institute, ETSI)、美国材料与试验协会(American Society for Testing and Materials, ASTM)、浙江省品牌建设联合会分别作为"偏市场型""完全市场型"和"偏政府型"技术标准联盟的案例样本,采用多案例研究的方法,通过对比分析,探索不同类型技术标准联盟内部的知识协同特点。

第一节 文 献 回 顾

一、知识协同的影响因素

本部分案例研究,旨在通过对不同类型技术标准联盟的知识协同研究,挖掘知识协同的影响因素及其影响程度。目前,已有的知识协同过程的影响因素如下:

在知识转移方面,王欣等认为知识转移的影响因素有网络能力、知识转移通道、转移路径的长度、沟通能力、技术水平、市场竞争环境、文化差异、国家政策、社会背景、社会关系和社会结构[1],且知识转移具有路径依赖性,不

---

[1] 王欣,刘蔚,李款款.基于动态能力理论的产学研协同创新知识转移影响因素研究[J].情报科学,2016,34(7):36-40.

同的知识应选择不同的转移路径。此外,文化性、境域性、价值性方面的差异①会影响知识的流动效率和流动量②,进而影响知识转移③。金中坤等还通过实证研究发现,较高的模块化程度、交流工具和技术水平对隐性知识的流动有促进作用,而成员间文化距离越大,越不利于组织间隐性知识的流动④。

在知识整合方面,Grant认为共同知识、组织结构等因素会影响知识整合效率⑤;Boer进一步认为,组织结构会对知识整合的效率、范围和弹性产生影响⑥;Shin等认为,知识整合最根本的影响因素是组织结构、组织文化、激励机制和组织惯例⑦;刘岩芳等实证证明了组织文化、组织结构、组织激励对知识整合有正向影响⑧。

在知识创新方面,有较多结合实际情景的研究。Inkpen认为影响知识创新过程与行为的因素涉及科学、技术、经济、社会、政策和知识创新主体利益⑨。王玉梅认为组织知识创新受外部因素(科技发展水平、政府政策与法律制度、总体经济环境、市场需求、相关产业因素、社会文化和教育发展及人才培育)和内部因素(组织利益驱动、知识的愿景规划、组织管理、人才资源、财力资源以及文化)的共同影响⑩。郭伟等从区域性企业知识创新的角度出发,认为社会资本、区域基础环境、结构资本、关系资本、认知资本、区域外社

---

① 丁炜.知识复杂性之考察[J].广西师范大学学报(哲学社会科学版),2006(1):90-94.

② 盖文启.新产业区发展的区域创新网络机制研究[D].北京:北京大学,2001:30-32.

③ 张峰.产学研协同创新中知识粘滞的成因与管控研究[D].武汉:武汉理工大学,2013:18-20.

④ 金中坤,王卿.模块化组织间隐性知识流动影响因素的实证研究[J].情报杂志,2010,29(9):136-140.

⑤ GRANT R M. Toward a knowledge-based theory of the firm[J]. Strategic Management Journal,1996,17(2):109-122.

⑥ BOER M D, BOSCH F A J V D, VOLBERDA H W. Managing organizational knowledge integration in the emerging multimedia complex[J]. Journal of Management Studies,1999,36(3):379-398.

⑦ SHIN M, HOLDEN T, RUTH A. From knowledge theory to management practice:Towards an integrated approach[J]. Information Processing & Management,2001,37(2):335-355.

⑧ 刘岩芳,袁永久.面向知识创新的研究型大学内部知识整合影响因素实证研究[J].科技进步与对策,2013,30(7):139-145.

⑨ INKPEN A C, DINUR A. Knowledge management processes and international joint ventures[J]. Organization Science,1998,9(4):454-468.

⑩ 王玉梅,张靖.基于系统动力学的组织知识创新影响因素分析[J].青岛科技大学学报(社会科学版),2009,25(4):58-62.

会资本、战略资源、政策激励和区域文化等 9 个因素对高新区企业的知识创新能力有重要影响①。

关于知识协同影响因素的研究晚于其某一过程影响因素的研究，但涉及的主体和内容却更为丰富。Laurie 等指出，组织所处的环境会影响知识协同的效果②。常玉等发现战略、外界环境、机制、个体因素、资源及其配置、知识协同平台会影响市场知识与技术知识的知识协同③。魏想明等认为，文化、知识距离、地理距离会影响研发联盟的知识协同④。Stephen 等指出，组织外部环境（经济、人口、技术、社会文化、政治法律等方面）通过对组织发展的直接或间接影响，进而对创新主体间知识协同造成影响⑤。洪银兴认为文化环境、市场环境以及制度环境会影响知识协同的效果⑥。郭彦丽等研究发现氛围、文化、激励会影响文化创意型团队知识协同的效果⑦。吕思嘉认为环境因素（国家与地方政策、依托单位的支持、其他产学研平台的支持）、组织因素（组织规模、制度建设、经费投入）、能力因素对高校协同创新中心的隐性知识协同效果有影响⑧。

基于以上的文献，本书主要从环境因素、组织因素和成员因素等几个方面对案例主体的知识协同过程进行探索。

二、标准化管理体制的类型

标准化管理体制直接决定了标准制定组织的存在形式。国家标准化管理体制的设计对于完善标准体系，优化标准供给结构，创新标准化工作机制具有重要意义。而对于标准化模式、标准化组织等方面展开的研究归根到

---

① 郭伟,王灿,叶子兰.高新区知识创新能力影响因素的实证研究[J].武汉理工大学学报(信息与管理工程版),2010,32(3)：446－449,452.
② LAURIE G, HOWELL P, HUGH H, et al.Knowledge collaboration for IT support[J]. HDI SAB Paper, 2009(5)：1－29.
③ 常玉,王莉,李雪玲.市场知识与技术知识协同的影响因素研究[J].科技进步与对策,2011,28(6)：138－141.
④ 魏想明,舒曼.影响研发联盟的知识协同效应因素探究[J].科技创业月刊,2012(6)：14－16.
⑤ 罗宾斯,库尔特.管理学[M].李原,等,译.北京：中国人民大学出版社,2012,102－120.
⑥ 洪银兴.产学研协同创新的经济学分析[J].经济科学,2014(1)：56－64.
⑦ 郭彦丽,高书丽,陈建斌.文化创意型团队知识协同绩效影响因素研究[J].科技与经济,2016,29(2)：81－85.
⑧ 吕思嘉.高校协同创新中心隐性知识协同绩效评价研究[D].南京：南京邮电大学,2017,21－29.

底都是围绕如何调整好政府、企业和社会三者在标准化活动中的权力分配问题展开的。因此,为了从市场化程度的视角对技术标准联盟进行类型划分,首先需要了解和厘清国家间标准化管理体制的差异。

企业、政府和社会团体在标准化活动的各阶段参与程度和扮演的角色不同,从而导致了标准化管理体制的多样性。因此,本书根据政府和市场在标准化工作中的参与程度,将标准化管理体制分为市场主导型的标准化管理体制、偏市场主导型的标准化管理体制、偏政府主导型的标准化管理体制以及政府主导型的标准化管理体制四类,见图 6-1。

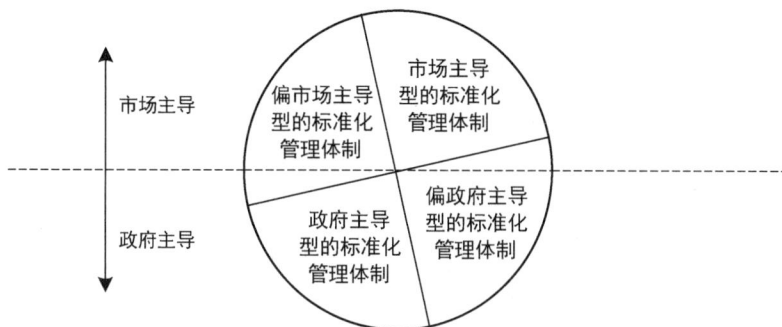

图 6-1　标准化管理体制的分类

从标准化的组织形式来看,标准化活动的参与者主要包括企业、政府和社会团体,其中,社会团体指的是标准制定机构(SDOs)、专业协会、行业协会等非营利性的民间公益法人团体。标准化过程主要分为标准开发阶段和标准扩散阶段。标准开发指标准作为一个解决方案被创建的过程。标准扩散包括传播新标准的有关信息,并鼓励标准在实际中的应用、实施以及进行标准协调的过程。标准体系规定了一个国家的标准的性质和分级,呈现了一个国家的标准全貌,能够整体反映国家标准化管理体制,因此,本书主要从标准化组织和标准体系的角度出发,比较和分析以上四类标准化管理体制的特点。

1. **市场主导型**

在市场主导型标准化管理体制下,企业和社会团体是标准化活动中的主要参与者,如美国的标准制定机构、学会、协会等民间标准化组织数占全部标准化机构数的 80% 以上,包揽了绝大部分标准的制定。在标准的开发阶段,任何企业和社会团体都有自主制定标准的权力,不受政府部门的约束。企业一方面作为利益相关方参与行业协会等社会团体组织的标准制定，另一方面基于自身的经济效益或是市场需求制定相关的非正式标准。社会团体制定的标准是通过组织中的利益相关者达成一致而产生的解决问题的方案，体现了多方参与、透明公正、协调一致的原则。政府部门主要从保护消费者安全和健康的角度制定或转化相关标准，同时根据市场的需求以成员身份参与社会团体标准制定的讨论，不对标准的制定过程强加干预。如美国于 1995 年颁布的《国家技术转移和推进法案》(NTTAA) 中规定政府机构在技术立法和政府采购中尽可能采用自愿性标准。

在标准的扩散阶段，各个企业的技术标准在市场上展开激烈的竞争，直到达到均衡，竞争的结果可能是在市场上产生了一个事实标准，也可能没有达成协调，存在若干标准并行的情况。社会团体是标准扩散过程中的协调者，它将协商一致后制定的标准在组织内部扩散实施，供组织内部成员使用。部分社会团体组织具有极高的地位，能够作为第三部门对国家标准化工作进行调控。如美国国家标准学会（American National Standards Institute, ANSI）是由美国联邦政府授权的国家标准化机构，协调配合联邦政府和其他社会团体在标准化中的工作，是美国标准化工作的主导者。总体来说，政府在该阶段的参与程度是很有限的，比如美国只在商务部下设有美国国家标准与技术研究院（National Institute of Standards and Technology, NIST），主要从事通信、测量等领域的技术和标准研发，而不干预具体的标准扩散过程。在市场主导型的标准化管理体制下，企业、社会团体和政府在标准开发和标准扩散阶段的参与状况见图 6 - 2：

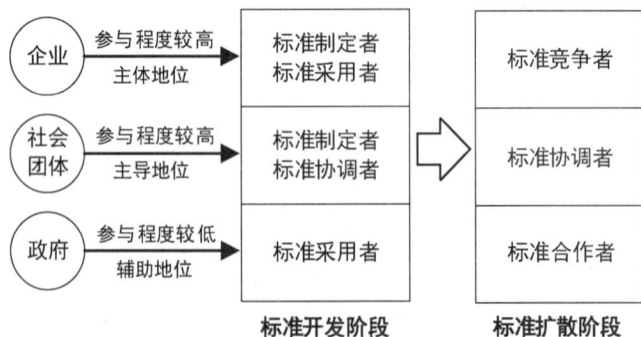

图 6 - 2　市场主导型的标准化管理体制下标准化组织的特点

在市场主导型的标准化管理体制下,自愿性标准是标准体系的基础,强制性标准只起辅助作用。除了少数涉及人身健康、生态环境等方面的标准是由政府参与制定或转化并且具有强制性的,其余的都是自愿性标准。比如美国的强制性标准主要指的是联邦政府制定或转化的采购标准和监管标准,而自愿性标准的构成来源十分广泛,包括美国国家标准学会协调管理的国家标准、标准制定组织制定的标准、协会学会制定的标准以及非正式标准化机构制定的标准等。因此自愿性和分散性是该类标准化管理体制下标准体系的最大特点。另外,自愿性标准往往是企业、社会团体等多方利益相关者本着自愿原则参与制定的,在协商一致的过程中通过多方博弈形成一种基于共识和合意的标准规范。它充分体现了市场的需求与利益,能在极大程度上调动市场的积极性并发挥市场在标准化活动中的主导作用,因此该类标准体系也具有市场导向的特点。

根据以上分析,对市场主导型标准化管理体制的特点总结见表6-1:

表6-1　市场主导型标准化管理体制的特点

标准化组织			标准体系		
企　　业	社会团体	政　　府	标准体系的特点	标准体系的构成	自愿性标准的供给来源
参与程度高主体地位	参与程度高主导地位	参与程度低辅助地位	市场导向分散性	自愿性标准为主,强制性标准为辅	企业、社会团体

2. 偏市场主导型

在偏市场主导型标准化管理体制下的标准开发阶段,标准的制定是从市场需求出发的自愿行为,企业、社会团体都可以提出标准制定的方案,通过一定的程序便可成为正式标准。政府往往不进行标准的制定,而将此权力授予某一社会团体组织,让该组织统筹全国标准的制定,而政府自身只在立法过程中采用社会团体制定的相关标准,使标准具有强制性。

在标准的扩散阶段,经政府授权的社会团体也是标准的协调者,负责全国的标准化工作,如英国标准协会、德国标准化学会、澳大利亚标准协会(Standard Association of Australia,SA)等。政府部门虽然在标准化工作中的参与程度较低,但还是作为一个宏观调控者的角色,负责制定标准相关的政策或为社会团体组织提供经费支持,以确保标准化有关工作的开展符合公众利益。比如澳大利亚联邦政府的标准化管理机构——联邦工业部，负责制定有关标准与合格评定体系的政策。在偏市场主导型的标准化管理体制下，企业、社会团体和政府在标准开发和标准扩散阶段的参与状况见图6－3：

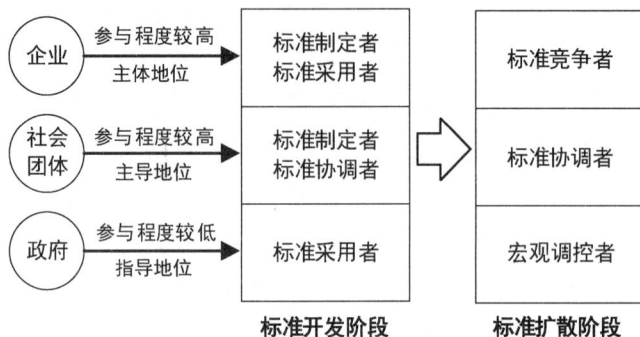

图6－3　偏市场主导型的标准化管理体制下标准化组织的特点

　　在偏市场主导型的标准化管理体制下，自愿性标准是标准体系的主要组成部分，其来源主要是企业和社会团体。与美国国家标准学会制定的标准不同，该类标准化管理体制下经政府授权的社会团体组织，除了进行标准的协调工作，也承担了大量的本国标准的制定修订工作，如德国标准化学会制定的 DIN 标准占国家全部技术规范性文件的 12％。因此，该类体制下的自愿性标准体系相对于市场主导型标准化管理体制下的自愿性标准体系要集中有序得多。强制性标准大多是由政府在立法过程中通过引用相关自愿性标准而产生的。如英国的《联合王国政府和英国标准学会标准备忘录》就明确政府部门一律采用英国标准学会标准，而不再进行标准的制定。

　　根据以上分析，对偏市场主导型标准化管理体制的特点总结见表6－2：

表6－2　偏市场主导型标准化管理体制的特点

标准化组织			标准体系		
企　　业	社会团体	政　　府	标准体系 的特点	标准体系 的构成	自愿性标准 的供给来源
参与程 度较高 主体地位	参与程 度较高 主导地位	参与程 度较低 指导地位	市场导向 集中性	自愿性标准 为主,强制性 标准为辅	企业、 社会团体

3. 偏政府主导型

在偏政府主导型标准化管理体制下的标准开发阶段,政府是标准的主要制定者,承担了大部分标准的制定,但是企业和社会团体在满足强制性标准基本要求的条件下也拥有自主制定标准的权力,不受政府部门的干预。在标准的扩散阶段,政府作为协调者角色对标准化活动进行监管,是全国标准化工作中的主导者。比如俄罗斯的政府机构——俄罗斯技术法规与计量局(Federal Agency on Technical Regulating and Metrology, GOSTR),除负责本国的标准化、合格评定、计量与技术法规等工作外,还集中协调全国标准化活动的开展;日本经济产业省的日本工业标准调查会(Japanese Industrial Standards Committee, JISC)、中国的标准化管理委员会(Standardization Administration, SAC)也都是政府性质的标准化主管机构,在全国的标准化工作中起主导作用。在偏政府主导型的标准化管理体制下,企业、社会团体和政府在标准开发和标准扩散阶段的参与状况见图6-4:

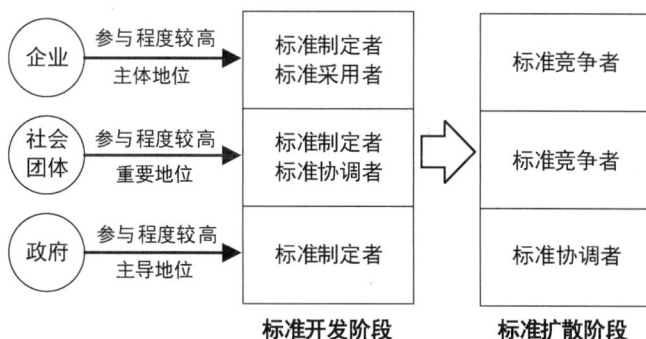

图6-4 偏政府主导型的标准化管理体制下标准化组织的特点

在偏政府主导型的标准化管理体制下,强制性标准在国家标准化活动的开展中占据了重要地位,它由政府部门制定,且一经发布就必须执行。而自愿性标准同样是标准体系的重要组成部分,政府、企业和社会团体都可以是自愿性标准的制定者。因此在该类标准化管理体制下,政府主导制定的标准和市场自主制定的标准协同发展、协调配合。俄罗斯、日本和中国的国家标准化体系中均有市场化的标准产物,同时政府的干预程度较高,凸显了政府的主导地位。这样的标准体系结构验证了偏政府主导型标准化管理体制中自愿性标准和强制性标准相互配套的特点。

根据以上分析，对偏政府主导型标准化管理体制的特点总结见表6-3：

表6-3　偏政府主导型标准化管理体制的特点

标准化组织			标准体系		
企　　业	社会团体	政　　府	标准体系的特点	标准体系的构成	自愿性标准的供给来源
参与程度较高主体地位	参与程度较高重要地位	参与程度较高主导地位	政府引领，市场配合	自愿性标准与强制性标准相互配套	政府、企业、社会团体

4. 政府主导型标准化管理体制的特点

在政府主导型的标准化管理体制下，标准化活动的参与者是政府和企业，不存在真正意义上的民间社会团体组织。政府在标准化工作中拥有绝对的权力，能够直接干预标准化过程。在标准的开发阶段，政府部门可以强制采用其他机构制定的标准或是自己制定的标准。而企业在制定标准的过程中受到政府的严格限制。在标准的扩散阶段，政府是唯一的协调者，对全国的标准进行严密监管和把控，企业等私人行为者只能通过游说等方式来影响政府的协调过程。如加纳的国家标准化机构——加纳标准局(Ghana Standards Authority, GSA)，是加纳的国家法定机构，全国标准的制定、实施和监督均由它承担。加纳的政府部门既承担了标准化的开发职能也承担了标准化的管理职能。蒙古国标准化计量局是蒙古国政府性质的标准化管理机构，主要负责协调管理标准化、合格评定等工作，在国家开展标准化活动中拥有至高无上的权力。在偏政府主导型的标准化管理体制下，企业和政府在标准开发和标准扩散阶段的参与状况见图6-5：

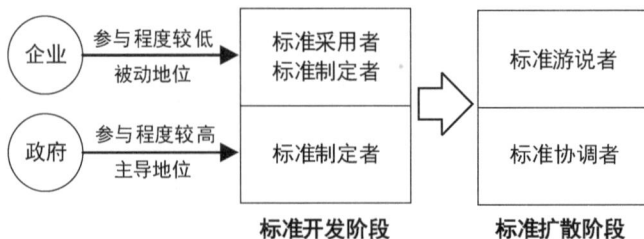

图6-5　政府主导型的标准化管理体制下标准化组织的特点

强制性标准是政府主导型标准化管理体制中的重要组成部分,如蒙古国的强制性标准就占了全部标准的 44%。强制性标准由政府制定实施,具有法律效应,一经颁布,就必须贯彻执行。自愿性标准的主要来源也是政府,在极大程度上反映的是政府的意愿。因此,强制性和政府导向是该类标准化管理体制的主要特点。

根据以上分析,对政府主导型标准化管理体制的特点总结见表 6-4:

表 6-4　政府主导型标准化管理体制的特点

标准化组织形式		标准体系		
企　业	政　府	标准体系的特点	标准体系的构成	自愿性标准的供给来源
参与程度低被动地位	参与程度高主导地位	政府导向	强制性标准为主,自愿性标准为辅	政府和企业

三、技术标准联盟的分类

目前,已有学者对技术标准联盟的分类进行了研究。

方放等根据联盟是否开放,将技术标准联盟分为开放式联盟和封闭式联盟;依据企业联盟的对象可以将技术标准联盟分为横向联盟和纵向联盟[1]。曾德明等根据技术标准设定两阶段中参与者的数量及其行为活动将技术标准联盟分为混合式、多企业协作式和折衷妥协式三种模式[2]。严清清等认为技术标准联盟可以分为纵向技术标准联盟、横向技术标准联盟和同互补品提供者技术标准联盟[3]。

李薇等探究了国内技术标准联盟的组织模式,通过案例分析了中央政府和地方政府对技术标准联盟的直接介入与间接介入[4]。刘辉等将政府对标准联盟的治理模式分为高干预模式和低干预模式,指出了影响模式选择

① 方放,王道平,曾德明.技术标准联盟提升高技术企业动态能力的路径研究[J].现代财经(天津财经大学学报),2006(10):7-10,19.
② 曾德明,方放,王道平.技术标准联盟的构建动因及模式研究[J].科学管理研究,2007,25(1):37-40.
③ 严清清,胡建绩.技术标准联盟及其支撑理论研究[J].研究与发展管理,2007(1):100-104.
④ 李薇,李天赋.国内技术标准联盟组织模式研究——从政府介入视角[J].科技进步与对策,2013,30(8):25-31.

的因素包括政府的角色定位、产业政策、产业技术确定性、市场竞争、产业的战略地位以及联盟对产业发展的影响①。方放等根据政府介入团体标准设定活动的阶段，将团体标准设定的公共治理模式分为三类："前政府-后市场""半政府-半市场"和"前市场-后政府"，并在此基础上分析了三种团体标准设定公共治理模式的运行机理，包括各个模式中的政府角色、政府介入方式与适用情况②。

基于以上文献，技术标准联盟是以市场调配手段为主，因此本书设定的前提为技术标准联盟的市场化程度均大于政府介入程度，再根据政府介入的程度将其划分为完全市场型、偏市场型和偏政府型。完全市场型中政府不参与技术标准联盟的管理，在标准制修订的过程中和其他会员一样拥有平等的话语权和投票权；偏市场型中，政府通过一系列政策与财政支持，确定技术标准联盟的重点发展方向，为联盟组织的发展提供外部保障环境；作为市场化的社会组织，偏政府型中政府的介入程度最高，政府会对其进行深入的指导与监督管理，组织作为政府和市场之间的桥梁进行信息传递和协调配合。

第二节　案例研究设计

一、研究方法

案例研究是社会科学研究中一种常用的经验性研究方法。通过详细描述现象是什么，并分析其发生原因，从中发现一般规律或者特殊性，得出新的研究命题与结论。

本书选择多案例的研究方法主要出于以下原因：第一，案例研究有助于理解事物表相后面的缘由和具体过程③，这有助于本书探索技术标准联盟的知识协同过程。第二，基于现有研究，尚缺乏对不同类型标准联盟的知识协

① LIU H. Study for governance models of alliance standardization and influencing factors in China under the perspective of government[A]. 2012 First National Conference for Engineering Sciences[C]. 教育技术与管理科学国际会议,2013: 311-314.
② 方放,吴慧霞.团体标准设定的公共治理模式研究[J].中国软科学,2017(2): 66-75.
③ 郭润萍.高技术新创企业知识整合、创业能力与绩效关系研究[D].长春:吉林大学,2015: 15-30.

同过程的深入阐释。采用多案例的研究方法,能通过分析尚未被深入研究的领域的相关资料,进而加深对问题的了解①。第三,相比单案例研究,多案例研究能通过复制与拓展的逻辑实施跨案例的对比分析。综上,本书将采用跨案例对比研究探索不同类型技术标准联盟的知识协同的特点,以强化研究的内外部信度和效度。

二、案例选取

Tsui 和 Cheng 等认为在多案例研究中,同时加入多个国家情境下的案例,有助于更好地研究问题②③。根据 Miller 等归纳的案例样本选择标准④,本书选取了欧洲电信标准协会(European Telecommunications Standards Institute,ETSI)、美国材料与试验协会(American Society for Testing and Materials,ASTM)、浙江省品牌建设联合会分别作为"偏市场型""完全市场型"和"偏政府型"技术标准联盟的案例样本。

ETSI 是根据欧洲共同体委员会的建议成立的,其任务是研究制定电信标准。欧洲电信标准协会与欧洲电工标准化委员会(European Committee for Electrotechnical Standardization,CENELEC)在标准化工作领域上有所交叉,欧洲电信标准协会主要负责:无线电领域的电磁兼容;私人用远距离通信系统;整体宽频带网络(包括有线电视)。欧洲电信标准协会是受欧盟委员会认可的负责制定和发布不同领域内欧洲标准的欧洲标准化组织(ESO),极大地推动了欧洲电信标准的统一发展,对世界范围的电信标准发展也有着重要的促进作用。

ASTM 是美国最老、最大的非营利性标准学术团体之一,为制定和出版材料、产品、系统和服务领域的自愿性标准提供论坛。美国材料与试验协会的标准领域覆盖钢铁、石油、医疗设备、消费品、纳米技术、添加剂制造等 90

---

① JANET R M. Essentials of research methods: A guide to social science research[M]. London: Wiley-Blackwell, 2005: 43 - 67.

② TSUI A S. Contextualization in Chinese management research[J]. Management & Organization Review, 2006, 2(1): 1 - 13.

③ CHENG B S, WANG A C, HUANG M P. The road more popular versus the road less travelled: An "Insider" perspective of advancing Chinese management research[J]. Management & Organization Review, 2009, 5(1): 91 - 105.

④ MILLER C, FRICKER C. Planning and hazard[J]. Progress in Planning, 1993, 40(4): 173 - 260.

多个行业。

浙江省品牌建设联合会（简称：省品牌联，原浙江省浙江制造品牌促进会）是由浙江省标准化研究院、浙江大学、浙江省质量技术审查评价中心等共同发起，浙江省内相关科研机构、高等院校、检测机构、认证机构、行业协会和企业等自愿参与组成的非营利性第三方社会组织。《关于扶持"浙江制造"品牌发展的意见》明确了"浙江制造"标准的定位是团体标准，由浙江省品牌建设联合会统一组织制定和批准发布。省品牌联是"浙江制造"品牌建设工作的重要平台，主要负责沟通并有效传递政府主管部门对"浙江制造"品牌建设的要求和建议，协调各成员机构顺利开展"浙江制造"品牌建设各项工作；具体主要开展"浙江制造"质量理论研究、"浙江制造"团体标准制定与宣贯、产品认证与监督、品牌培育与保护、宣传推广等工作，不断提升"浙江制造"品牌的市场知名度与美誉度。

三、数据收集

本研究选取的案例主体的数据资料主要通过文件、档案记录、直接观察法等经典的案例研究方法获取，这些资料数据互相补充、互相佐证，包括：

（1）公开发表和出版的学术论文、书籍等，主要在各大搜索引擎和中国知网（CNKI）、万方等数据库中，检索与目标研究案例有关的关键词的资料，筛选有价值的内容进行深入研究；

（2）直接从组织官方网站获得有关档案文件及资料，包括组织年报、宣传介绍手册和规章制度等；

（3）依托互联网、微信、微博等新媒体、纸质报刊及相关历史资料，查阅新闻报道、以往活动和历史事件等相关资料。

第三节　案例描述与分析

一、偏市场型联盟——欧洲电信标准化协会案例

欧洲电信标准协会（ETSI）是欧盟官方标准组织之一。其基本价值观是快速响应市场需求，制定的技术标准能被最有竞争力的市场采用。但同时欧洲电信标准化协会遵循欧盟委员会的政策与声明，欧盟委员会也会参与

欧洲电信标准化协会的内部会议和活动。政府不会直接介入其标准的制定过程,但会进行一定的方向把控和组织引领。

作为欧洲的重要世界标准化平台,欧洲电信标准化协会具有开放性和公众性的特点,用户、营运商和研究单位均可以在平台内平等地发表意见,畅所欲言。此外,欧洲电信标准化协会以市场需求制定标准,以标准来引导和开发产品,使标准化活动具有很强的针对性以及时效性,避免了不同国家和地区由于设备的不统一或者不流通所造成的困扰。这种开放、协同的知识共享机制也为欧洲电信标准化协会的标准制定和实施带来了便利。

在欧洲电信标准化协会的案例中,组织结构、成员类型、文化和组织行为对知识协同有影响,具体表现为混合型的组织结构、多元化的组织成员、开放的文化和多样化的组织行为。

1. 欧洲电信标准化协会简介及案例背景描述

欧洲电信标准化协会是一个独立的非营利性的欧洲地区性信息和通信技术(ICT)的电信标准化组织,简称为 ETSI。

1) 欧洲电信标准化协会的来源与发展历程

欧洲电信标准化协会成立于 1988 年,总部设于法国南部的尼斯,其标准化领域涉及广泛,但工作重心主要在电信领域。欧洲电信标准化协会的成立旨在贯彻由欧洲邮电管理委员会(Confederation of European Posts and Telecommunic,CEPT)和欧共体委员会(European Commission,CEC)所制定的电信政策,满足市场各方面及管制部门的标准化需求,建立开放、竞争的欧洲电信市场以及制定高质量的电信标准。欧洲电信标准化协会的存在确保了欧洲电信基础设施的融合、各电信网间的互联互通和电信业务的统一;同时有助于终端设备的相互兼容,促进电信产品的自由流通和创新竞争;此外,还为建立新的泛欧电信网络和业务提供技术基础,加快欧洲电信标准的国际化进程。

2) 欧洲电信标准化协会的成员情况

目前为止,已有来自欧洲和其他地区等在内的 55 个国家参与欧洲电信标准化协会的工作,共计有 688 名成员。涵盖的机构包括国家标准化组织、设备制造商、行政管理机构、用户研究机构以及网络运营商等。欧洲电信标准化协会的成员可分为正式成员、观察员、候补成员和顾问等四种类型,其各自的权利均按欧洲电信标准化协会章程规定而定。

正式成员只允许欧洲邮电管理委员会成员国的相关组织参加,组织需自愿申请,再经全会批准方可成为正式成员。技术报告的使用权、参考文件的发言权、投票权等均为正式成员所享有。代表观察员身份一般只授予受欧洲电信标准化协会邀请的电信组织。候补成员是为非欧洲国家电信组织或公司而设的身份。要成为欧洲电信标准化协会的候补成员,需经全会批准并签订正式协议。候补成员可自由参加会议,与正式成员享有同样的文件使用权、发言权,但无表决权。仅欧共体和欧洲自由贸易协会(European Free Trade Association,EFTA)的代表可以获得顾问的身份,顾问有权参加全会、常务委员会、技术委员会、特别委员会的工作,但没有投票权。

3) 欧洲电信标准化协会的组织机构

欧洲电信标准化协会组织机构可以分为全体大会、常务委员会、技术机构、特别委员会和秘书处等,其中全体大会是最高权力机构,每年召开两次以上的会议,会议内容为确定协会的所有政策和管理决策、通过主席等重要人选的决议、讨论新成员的接纳问题、发布年度工作报告等。常务委员会是开展日常辅助工作的机构,主要职能是决定成立技术委员会、选举技术委员会主席、协调技术委员会之间的关系、通过新标准及确定新旧标准的过渡期等。此外协会还拥有一类特别的机构——专家工作组,是对于一些重要且紧急的课题成立的专门课题组,专家们的集中研究使得标准的制定程序加快。专家工作组的成员从协会成员组织中招聘,其成立须由欧洲标准化委员会和欧洲自由贸易协会提出,再经技术委员会通过,协会秘书处按照规定对此程序进行管理。欧洲电信标准化协会的技术机构可分为技术委员会及其分委会、欧洲电信标准化协会项目组以及欧洲电信标准化协会合作项目组等三种类型。目前共设有 13 个技术委员会。

2. 欧洲电信标准化协会知识协同的方式与途径

1) 混合型组织结构对知识协同的影响

组织结构是关于工作流程、组织沟通、权力安排等关系的框架体系,它是为实现组织任务而设计的,常见的形式有：直线型、职能型、矩阵型、事业部型、模拟分权型、项目组型等[①]。在实际中,许多组织并不只单纯地以某种

---

① 邢以群.管理学[M].杭州：浙江大学出版社,2012：180-194.

组织结构存在。欧洲电信标准化协会组织结构呈混合型,利用直线型、职能型、项目组型等不同结构之间的互补,避免了单一结构的劣势,在快速变化的环境中为组织提供了更大的灵活性,通过知识转移的中介效应促进了创新绩效[①]。欧洲电信标准化协会的特殊委员会为职能型组织结构,促进了深层次的知识与技能的发展,但也存在着横向协调能力差和反应时间慢的问题,进而导致知识转移速度慢、知识吸收能力差。欧洲电信标准化协会合作项目采用的是项目组型的组织结构,该组织结构具有适应性强、机动灵活,知识吸收能力强、转移速度快等优点,但稳定性差。在欧洲电信标准化协会的整体组织结构中,还包含了直线型组织结构,该结构权责明确,但要求行政负责人通晓多种知识和技能。欧洲电信标准化协会的组织结构见图6-6。

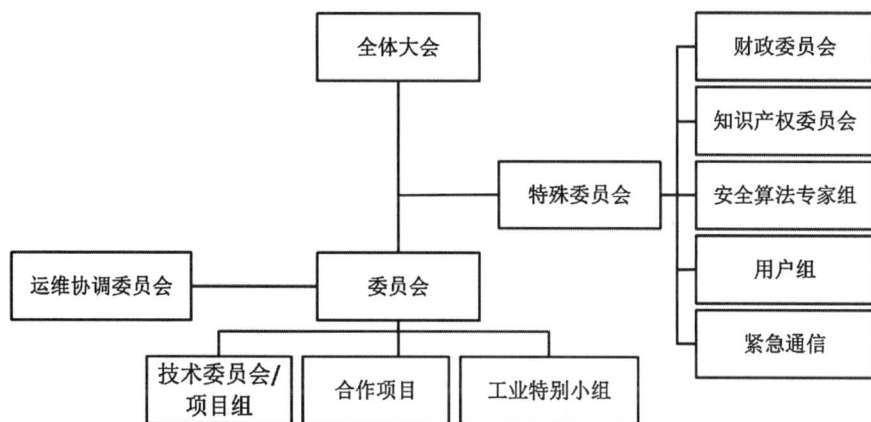

图6-6 欧洲电信标准化协会组织结构图

在知识经济时代下,欧洲电信标准化协会的组织结构也呈现出扁平化、柔性化、团队化的特点。

扁平化组织结构是对层级制组织类型的进一步发展,着眼于减少管理层级、改善沟通,组织结构形态由标准的金字塔型向圆筒型转化[②],这使自上

---

① 张光磊,刘善仕,彭娟.组织结构、知识吸收能力与研发团队创新绩效:一个跨层次的检验[J].研究与发展管理,2012,24(2):19-27.

② 向玲,郭定.企业组织结构研究进展[J].长安大学学报(社会科学版),2006(4):28-31.

而下和自下而上的知识可以快速有效地流动①。组织结构的信息传递和反馈速度越快，知识吸收能力越强②。故欧洲电信标准化协会扁平化的组织结构不仅加快了知识转移的速度，还促进了知识吸收，为后续知识协同行为的发生提供基础和前提条件。

柔性化要求组织结构具有一种快速、有效地适应复杂环境的能力和特性，表现为在稳定性基础上的灵活性和适应性③。柔性化的组织结构一般分为两部分：一部分是为了完成企业的经常化任务而建立的永久组织结构，另一部分是为了完成企业一些突发任务而建立的临时组织结构④。欧洲电信标准化协会特殊委员会包括财政委员会、知识产权委员会、安全算法专家组等常设机构。而合作项目是当有需要与其他组织合作以实现标准化目标时，在一定期限内建立的临时性机构，欧洲电信标准化协会目前有两个合作项目：第三代合作伙伴计划（3GPP）和 oneM2M。这种反应灵敏、灵活多变的组织结构，使其在资源柔性和能力柔性上都表现出色，进一步加快了知识转移的速度，增强了知识整合的能力，促进了知识运用和知识创新。

团队化有利于打破部门之间的沟通障碍，在成员间形成全渠道的信息交流和知识共享网络⑤。团队化的形式，有利于打破知识转移的壁垒，使知识在组织内部能充分流动和分享，并得到有效的整合和运用，实现高效创新。每年约有 20％的欧洲电信标准化协会标准是通过专家工作组的方式完成的，这种团队化的工作方式使得协会能够在重要的战略领域缩短标准生成的周期，同时保证标准的质量。

2）多元化的组织成员促进知识协同

在 2005—2017 年，欧洲电信标准化协会的成员总数一直保持增长趋势，

---

① DAFT R L，MACINTOSH N B. A tentative exploration into the amount and equivocate of information processing in organizational work units[J]. Administrative Science Quarterly，1981，26(4)：207 - 224.

② 张光磊，刘善仕，彭娟.组织结构、知识吸收能力与研发团队创新绩效：一个跨层次的检验[J].研究与发展管理，2012，24(2)：19 - 27.

③ 韩伟林.企业组织结构的柔性化研究[J].管理学家，2011(9)：130 - 130.

④ 侯海东，姜柏桐，李金海.知识经济下项目导向型企业组织结构模式研究[J].科学学与科学技术管理，2008(11)：151 - 155.

⑤ 陈国权，刘薇.企业组织内部学习、外部学习及其协同作用对组织绩效的影响——内部结构和外部环境的调节作用研究[J].中国管理科学，2017，25(5)：175 - 186.

其中正式会员的数量增长显著,准会员的数量略有增加,观察员数量小幅下降,具体数据见图6-7。为了享受知识协同带来的更多收益,部分观察员申请成为正式会员,这也是观察员数量下降的一个重要原因。在电信业持续低迷和金融危机的影响下,欧洲电信标准化协会的成员数量能做到稳定增长,与其在知识协同方面做出的各种努力与尝试密不可分。

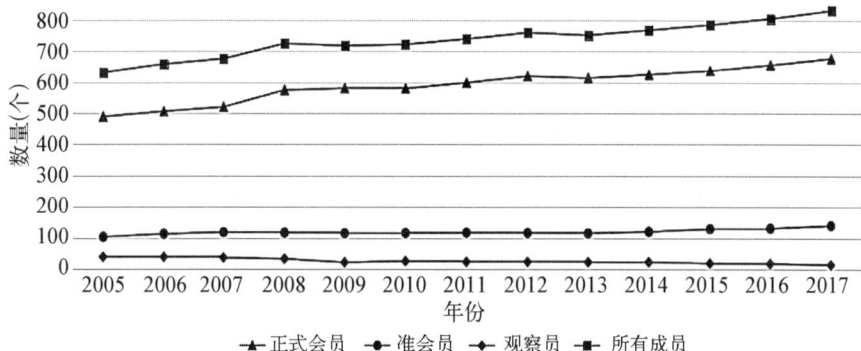

图6-7 2005—2017年欧洲电信标准化协会成员数量

从2005年起,欧洲电信标准化协会尝试推出了一系列的路演活动,强调成为会员可以获得的诸多好处,包括获取最新的电信业标准信息、与行业领袖进行沟通、与同行进行交流等,为会员拓宽了知识转移的途径,加快了知识转移的速度。路演活动吸引了一大批行业企业和组织的参与,为知识传播提供了场所、时间等各种可能。

知识整理能力和知识调整能力是测度知识整合的重要指标[1]。知识整合的对象不仅包括内外部学习获得的知识[2],还包括组织结构、运营流程、内外部关系等。新成员的快速融入、与市场需求的紧密结合以及组织的快速发展,都与欧洲电信标准化协会强大的知识整理和知识调整能力相关。2008年起,欧洲电信标准化协会注意到中小型企业(SMEs)、微型企业对标准化活动的重要性,并因此采取了战略政策,发布中小微企业参与标准化活动的特别报告和白皮书,鼓励中小微企业的加入。此外,在2012年至2014年,协会还对会议室、视听设施和接待区设施进行了升级,为成员间线上和

---

① 张鹏.供应链企业间知识协同及其与供应链绩效关系研究[D].长春:吉林大学,2016:17-29.

② KOGUT B, ZANDER U. Knowlesge of the firm, combination capability, and the replication of technology[J]. Organization Science, 1992, 3(3): 383-394.

线下的交流提供了更优质的环境，使成员间的沟通更为高效与便捷、知识整合的渠道更为畅通。与此同时，为了吸引更多成员加入，丰富组织的成员类型，协会分别在 2011 年和 2017 年对会费进行了调整。新的会费采取分级收费，并对中小微企业、非营利性质的协会、大学和研究机构等实行优惠政策，此举有利于建立健全产、学、研有机结合的知识体系，从机制上确保知识协同的实现。

欧洲电信标准化协会是一个欧洲区域性组织，但其标准化影响已经超出了欧洲的边界。欧洲电信标准化协会的成员遍布五大洲，其中约三分之一的国家和地区是在欧洲范围外的。多元化成员间由认知、观念等深层次差异属性而导致的分歧和冲突会激发组织成员之间的学习行为[①]，从而促进知识吸收和知识转移。

欧洲电信标准化协会组织成员的多元化，不仅体现在成员地理位置的分布上，还体现在成员的类型上。成员类型多元化的组织拥有更多的认知资源和更全面的知识[②]。这些不同的知识会为组织提供更全面的方案和视角[③]，从而有效提升组织整理和调整知识的能力，促进知识整合；知识的差异性也能促进组织间的沟通[④]，成员类型多元化的组织知识转移速度较快；同时，专业知识的多元化会促使组织成员互相学习，在知识整合和运用中产生创造性想法，从而促进知识创新[⑤]。欧洲电信标准化协会的成员包括设备制造商、网络运营商、服务供应商、用户、研究机构/大学和政府机构等，具体类型分布（不包含观察员）见图 6-8。这些成员的知识分工和知识属性各不相同，知识存量也存在着势差，有利于知识转移的实施。设备制造商、网络运营商和服务机构之间的沟通交流可以减少他们知识异质性带来的诸多问题，实现互操作性。用户反馈的使用情况，正是设备制造商、网络运营商和

---

① JEHN K A. A multi-method examination of the benefits and detriments of intro group conflict [J]. Administrative Science Quarterly, 1995(40): 256-282.

② BANTEL K A, JACKSON S E. Top management and innovations in banking: Does the composition of the top team make a difference? [J]. Strategic Management Journal, 1989, 10 (S1): 107-124.

③ 金申健.团队多元化与知识共享关系研究[D].杭州：浙江工商大学,2014：14-19.

④ 孙涛.企业研发团队成员多元化对团队绩效影响的实证研究[D].兰州：兰州商学院,2013：30-32.

⑤ SOMECH A. The effects of leadership style and team process on performance and innovation in functionally heterogeneous teams[J]. Journal of Management, 2006, 32(1): 137-152.

服务提供商最需要的信息,与此同时,用户也能通过与供应商的沟通拥有更多的知情权和选择权。研究机构/大学和顾问有着更为专业的知识,且与市场有着密切的关系,他们需要全面了解电信业的境况,并获取最新信息,以更好地达到自身的目标,推动电信业发展。政府机构在了解了企业、用户、研究机构/大学和顾问等的全面信息后,可以做出更为有效合理的决策,提高治理能力,而其他成员也需要了解政府机构的最新动态,以选取合适的工作方向。标准化组织以及一些与电信业相关的企业等的加入为欧洲电信标准化协会带来了专业的标准知识和电信行业外的知识,丰富了组织的知识库。欧洲电信标准化协会通过这些成员来获取信息,并满足成员们的需要,为知识传播架构了桥梁,增加了知识转移的渠道。

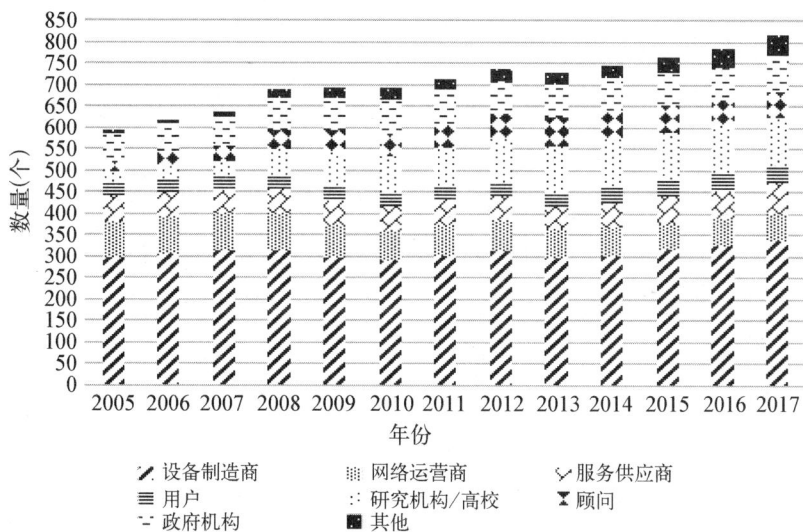

图 6 - 8　2005—2017 年欧洲电信标准化协会成员类型分布

3）开放的文化促进知识协同

"开放"是欧洲电信标准化协会文化中最重要的一部分,体现在协会工作和活动的方方面面。它打破人、财、物、信息等自由流动的障碍,实现自身在各个方面向世界先进水平看齐的过程,其包括对内开放和对外开放①。开放的文化使得欧洲电信标准化协会的知识转移渠道更为畅通,知识吸收更容易实现,知识整合与运用的效率也进一步提高,为知识创新奠定了良好的

----

① 吴雄.开放与文化交流:一个现代化绕不开的话题[J].中华文化论坛,2014(12):170-173.

基础。

基于开放的文化，欧洲电信标准化协会的标准制定过程是透明和公开的，成员不需要通过代表，可以直接参与，以协商一致的方式制定标准。此外，成员还可以决定欧洲电信标准化协会的工作计划，包括内容、时间、资源、批准等。为了及时响应行业需求，协会的工作计划会不断调整并在官网公开。成员的高度参与，使得协会内部的知识转移速度快，知识整合和知识运用能力强，从而导致知识创新的效果好，随即为组织创造更高的绩效①。

开放的文化也让欧洲电信标准化协会认识到，鼓励市场增长和创新的最好方式之一就是允许"开放"的标准。财务效益会影响组织成员的行为②，较低的成本往往可以吸引更多的成员参与。因此，在获得批准后，协会的标准和报告会在协会的网站上免费公开，无论是否是协会的成员，都可以访问；正在制定的标准进度和工作细节，可以通过协会的数据库搜索获得，也可以查阅协会每年出版的工作方案，这些也都是免费开放的；此外，协会还向其成员提供有关电信业标准化的历史文件，包括数字版和DVD版。欧洲电信标准化协会通过这样的开放方式，提高组织的知名度，让更多的人使用欧洲电信标准化协会标准，使知识协同过程不断循环并螺旋上升。

在开放的文化的指导下，欧洲电信标准化协会鼓励所有利益相关者参与标准化过程。考虑到标准中技术的选择会对消费者、企业、环境和社会需求产生广泛的影响，欧洲电信标准化协会开发了3SI项目。3SI项目中包含了欧洲电信标准化协会的技术专家、社会利益相关者和中小企业。这些组织凭借着各自的专业知识和能力，在相互适应、相互协调、循环往复的知识互动中逐渐实现创新能力的非加和式放大，获得突破性创新成果③。欧洲电信标准化协会每年至少举办一次3SI会议，对社会利益、环境利益、消费者和企业之间存在的问题进行深度交流和讨论，并努力寻找解决问题的有效途径。这些组织的加入，为协会的标准化活动带来了丰富的专业知识，不仅提

---

① LAWLER E E. Choosing an involvement strategy[J]. The academy of management executive, 1989, 2(3): 197 - 204.

② HELLSTROM T, JACOB M. Evaluating and managing the performance of University-Industry Partnerships[J]. Evaluation, 1999(5): 330 - 339.

③ 孟潇.面向重大项目的跨组织科研合作过程研究[D].哈尔滨：哈尔滨工业大学,2016: 25 - 29.

高了标准化活动的质量,而且有助于建立社会对标准化系统的信心。3SI 项目也取得了政府的高度认可,帮助组织提高了知名度和关注度,为进一步发展欧洲标准化作出贡献。

然而开放的文化会不可避免地带来知识保护方面的困难。知识保护是知识协同行为有效进行的保障[1],对组织至关重要。根据竞争合作理论,欧洲电信标准化协会的成员虽是合作伙伴关系,但亦存在竞争性,处于不同价值环节的企业的专有知识和核心知识有被泄露的风险,致使一方或者多方在知识协同中态度消极,严重时有可能导致协同过程的终止。为了有效地规避这一风险,欧洲电信标准化协会建立了网络安全、知识管理平台等有效的知识保护机制。协会遵循 FRAND 原则,提供知识产权政策指南,帮助成员们理解和执行相关的知识产权政策。2017 年,协会的知识产权特别委员会把工作重点放在提高专利声明的透明度和增强公开信息的提供能力上,由法律部门审查了在线 IPR 数据库,并对其进行改进以提高信息的准确性。

4) 多样化的治理行为促进知识协同

知识转移通常通过技术平台或观摩学习完成。欧洲电信标准化协会通过大量的线下和线上活动作为中介媒体,将知识以合适的方式快速、高效地转移给接收方和知识库。知识转移渠道及其丰富性会影响知识转移,适宜的转移渠道能有效提升知识转移的效果[2]。欧洲电信标准化协会有着多种形式的活动,促进成员间的知识转移,其活动可以分为欧洲电信标准化协会组织简介会、联合会议、测试活动、网络研讨会和其他线下活动 5 个类型。

(1) 欧洲电信标准化协会简介会。组织成员若是缺少相应的技能,会使得知识吸收能力下降,不利于知识转移,导致知识创新的绩效降低、收益减少[3]。为此欧洲电信标准化协会每年举办两次简介会,成员和非成员都可以免费参加。简介会上不仅会介绍协会的概况、组织结构、治理方式、资金问题、合作项目等方面,还会详细讲解协会的在线服务和其他电子工作工具等

---

① 张旭梅,李志威,朱淘.虚拟供应链的知识管理机制研究[J].科学学研究,2004(S1):95-99.
② 黄微,尹爽,徐瑶等.基于专利分析的竞争企业间知识转移模式研究[J].图书情报工作,2011,55(22):78-82.
③ 刘春艳.产学研协同创新团队内部知识转移影响机理研究[D].长春:吉林大学,2016:23-38.

高效工作所需的知识和技能，并且会提供相关内容的强化课程。协会通过这样的方式来帮助其成员提高吸收新知识所需的能力和素养，为接下来的知识协同过程打下夯实的基础。

（2）联合会议。组织间的合作创新过程就是知识学习过程，知识学习行为可以使知识吸收更有效[①]。由于其特殊的政府关系，欧洲电信标准化协会与许多国家的国家标准组织（NSO）有着密切的合作。比如，协会与国际电信联盟（International Telecommunication Union，ITU）签署了谅解备忘录（MOU），双方建立伙伴关系，并于 2017 年 11 月 23 日共同举办了"面向 5G的环境要求"联合研讨会，促进欧洲电信标准化协会的环境工程技术委员会（TC EE）和国际电信联盟电信标准化部门的环境变化研究组（ITU－T SG5）的合作。协会还是全球标准合作大会（Global Standards Collaboration，GSC）的创始伙伴，共同致力于促进标准发展的信息交流和全球标准的合作。全球标准合作大会每年召开一次会议，由成员轮流举办。2014 年 7 月 22 日至 23日，欧洲电信标准化协会在法国召开了 GSC－18 会议，主旨是推动全球性的标准知识流动。此外，协会还与移动边缘计算（MEC）和第三代合作伙伴计划（3GPP）的相关组织以及物联网国际标准化伙伴组织"oneM2M"有着合作关系，分别举行了联合会议，以促进相关领域内的技术和标准发展。这些联合会议加快了知识在不同地域和领域内的交流与互动，打开了知识转移的新渠道，而互补性知识会产生知识需求与供给，在一定程度上实现了知识转移。

（3）测试活动。在电信行业中，不能互操作或共同工作，会阻碍新产品或服务的引入。虽然欧洲电信标准化协会在标准制定的初始阶段就考虑了互操作性，但是自然语言（欧洲电信标准化协会的出版物使用英语）并不总是足以描述复杂的交互性。所以，协会使用建模技术、专业工具以及专门的规范和测试语言等来验证并测试标准，以确保标准的质量。1999 年，协会举办了第一次测试活动，从此测试活动就被认为是制定全球标准的重要工具之一。协会平均每年举办 12 场测试活动，包括线上和线下两种方式。欧洲电信标准化协会的测试与互操作性中心（CTI）拥有广泛而先进的专业知识，为各技术委员会和组织成员提供支持与帮助。测试活动的主要目的是：向

---

① 余雅风，郑晓齐.合作创新中企业知识学习行为的制度化研究[J].科研管理，2002（5）：88－92.

技术委员会(TC)提供必要的反馈,不断改进和更新标准,实现知识的有效整合与运用,帮助协会提高标准水平并加速标准制定过程,实现知识创新;使参与者能够共同测试其技术或产品的互操作性和一致性,减少产品的上市时间,降低成本。

(4) 网络研讨会。网络研讨会是一种全新的会议模式,能立体呈现推广的信息,确保演示效果的丰富性和全面性,充分利用互动的方式进行有效沟通。网络研讨会充分发挥网络的便捷性,体现出时效性强、传播面广、专业覆盖率高、参与成本低等诸多优势。这种会议模式解决了知识转移的空间与时间限制,为高效的知识转移创造条件[①]。欧洲电信标准化协会定期组织网络研讨会,主题遍及协会的标准化活动范围,包括对技术的前沿概述和深入挖掘。这些不同层次的内容吸引了不同需求的会员,帮助他们更好地参与到欧洲电信标准化协会中,从侧面提高知识吸收的能力,也使得他们可以更为方便地获得相关的专业知识,提高研发与服务的水平。

(5) 其他线下活动。除了上述活动外,欧洲电信标准化协会还举办了大量的线下活动,包括大型的研讨会、小型的工作坊、峰会、编程马拉松、开发者大会、展示会、安全周活动和物联网周活动等。这些线下活动使参与者可以进行面对面的交流与协商,沟通变得更为有效,知识转移的效率更高。虽然这些活动的主题、目的、参加对象和规模大小并不相同,但都在一定程度上促进了不同组织和个体之间的信息沟通和知识协同。

3. 小结

作为一个具有全球影响力的欧洲标准组织,欧洲电信标准化协会利用通信技术各行业和社会新兴的技术为组织成员营造了一个和谐、开放和包容的环境。

协会通过建立混合型的组织结构,极大地提高了组织标准制定的灵活性,为知识吸收打下坚实的基础,使知识有效利用并高效创新,为知识协同创造了前提条件。协会积极推广与行业内各方面的交流,拓宽知识转移途径,加快知识转移速度、促进知识吸收。其成员遍布五洲,为不同国家、不同

---

① 马庆国,徐青,廖振鹏,等.基于复杂适应系统的个体知识转移影响因素分析[J].科研管理,2006 (3): 50 - 54,35.

种族和不同文化间的交流互通搭建了广阔的平台。成员们可以通过丰富多彩的活动创造知识转移的条件，实现有效的知识整合和运用。

不同的文化和习俗在欧洲电信标准化协会平台里交融相汇，对组织成员相互交流和学习产生了极大的促进作用，提升了组织协调和吸收知识的能力，促进知识整合的进程。协会通过"技术合作＋知识共享"的方式为公众提供了开放的标准知识平台。其公开透明的标准制定过程，高度的成员参与度直接提高了组织知识整合以及知识转移的效率，开放的文化也为知识的创造和分享提供途径和指导。

欧洲电信标准化协会自创建以来，对欧洲乃至世界标准的制定都产生了深远的影响。在知识经济的背景下，知识协同成为标准化过程的重要步骤。欧洲电信标准化协会在多方面挖掘和深化知识管理和标准之间的联系，实现信息资源价值，加快标准化知识共享，以制定出符合市场需求的标准，在价值取向和行动举措上值得学习和借鉴。

二、完全市场型联盟——美国材料与试验协会案例

美国材料与试验协会前身是国际材料试验协会（International Association for Testing Materials，IATM），是美国规模最大、最有影响力的非营利性标准发展组织之一。美国材料与试验协会每项标准来源并回归于市场，政府不介入管理，市场始终在其标准化活动中扮演关键角色。

在美国材料与试验协会的知识协同案例分析中可以发现，组织结构、激励机制、组织行为和技术支持对知识协同具有影响，具体表现为组合的组织结构、创新的激励机制、全球化的合作和强大的信息系统。

1. 美国材料与试验协会的简介及案例背景描述

1）美国材料与试验协会起源及其发展历程

美国材料与试验协会起源于 19 世纪 80 年代。为了解决在购销工业材料过程中采购商与供应商之间的分歧，迫切需要成立标准化技术委员会，委员会组织相关方由此开展会议讨论并制定相应的标准。而后在 1989 年 6 月 16 日，国际材料试验协会于费城成功组织会议，并成立国际材料试验协会美国分会。20 世纪初，在第五届国际材料试验协会分会的年会上，美国分会正式独立，取名为美国材料试验学会。随着社会的发展，学会的业务从一开始的研究和制定材料规范以及试验方法标准，扩展到开发各种材料、产品、系

统的特点和性能标准,以及试验方法和实验程序等标准。1961年美国材料试验学会正式更名为如今的美国材料与试验协会(ASTM)。

在美国材料与试验协会成立100周年以后,它的发展领域愈发广泛,形成了规模完善的标准化系统。协会在20世纪50年代涉猎电子标准化领域与核科技;十年后参与到航天制造业的疲劳断裂、无损检测以及制造工业的新材料的相关标准制定中;之后随着社会发展的日新月异,协会对新能源、社会消费以及医疗等方面的标准化活动都有了不同程度的涉足。

2)美国材料与试验协会成员情况

目前,协会已有33 669个(包括个人和团体)会员,其中在各个委员会中担任技术专家工作的成员有22 396个。会员的全球化背景是协会所制定的标准能更好满足各方面需求的重要保障。

3)美国材料与试验协会组织结构

美国材料与试验协会的技术结构可以分为三种层次,分别为技术委员会、分委员会和工作组。其中工作组的主要活动是起草标准草案,通过投票的方式再经由审查决定文案的上报与否。而要取得上报资格需经分委会60%及以上的委员投票,且其中赞成比例应在2/3以上。委员会的审查严格程度更高,在同样取得60%的委员投票的情况下再有90%以上的赞成票,方能通过审核。在审核过程中,投否定票的委员应附上意见书,在所提意见得到解决后才能出版最终的标准文稿。在编制标准的过程中,协会赋予所有会员和团体充分发表意见的权利,以确保可以吸收各方面的正确意见和建议。如此严谨的组织方式不仅有益于保证制定程序的有效性,提高标准的质量,更能够在平衡各方面利益的同时,结合专家提出的意见和数据确保标准的先进性和可行性。

4)美国材料与试验协会的影响

作为非官方学术团体制定的标准,美国材料与试验协会标准却凭借其质量高、适应性强的特点赢得了美国工业界的官方信赖,而且在美国国防部和联邦政府各部门机构中被广泛采纳。在过去的几十年里,美国国防部一直使用美国材料与试验协会自愿标准替代美国军用标准,美国军用标准已有2 800项被美国材料与试验协会标准所替代。此外,美国其他的一些联邦政府机构也都采用了多项协会标准,并与之建立了广泛而密切的合作关系。

越来越多的标准使用者，包括组织会员、工业界的专家、科技领域的学者以及企业经营和管理者等，都被美国材料与试验协会的发展所影响。如今，美国材料与试验协会标准不仅在美国被广泛使用，而且被世界上许多国家和企业成功借鉴和应用，长久并深刻地影响着人们生活的方方面面。

2. 美国材料与试验协会知识协同的方式与途径

1）组合的组织结构影响知识协同

美国材料与试验协会的组织结构以直线-职能型和委员会为主，见图6-9。

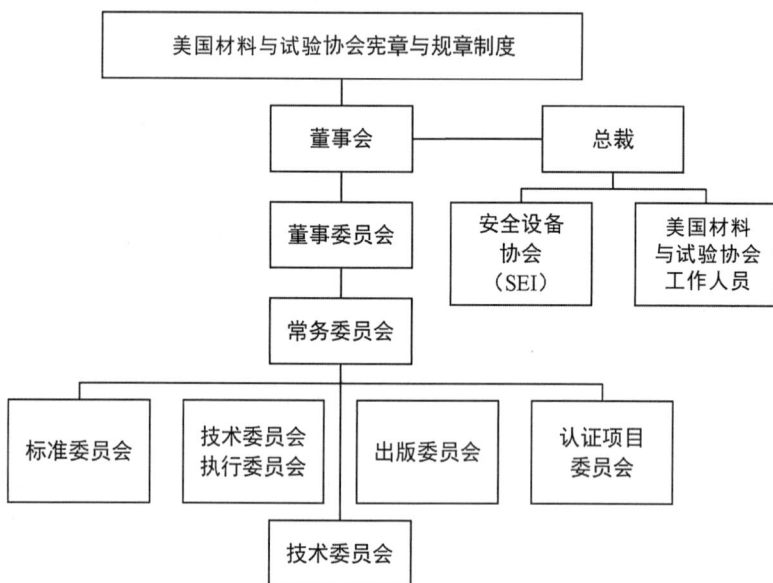

图6-9 美国材料与试验协会组织结构

直线-职能型组织结构是将直线型和职能型两种结构吸取各自优点而建立起来的。这种结构的优点是：命令统一、责任分明、分工明确、规模经济；缺点是：缺乏横向联系，职能部门之间的协作和配合性较差，权力过分集中，变化反应慢①。直线职能型组织结构是一种典型的金字塔式的组织结构，更注重信息的垂直沟通，有利于上下层级之间的知识流动。按照专业化分工原则，标准委员会（COS）负责开发、维护和管理美国材料与试验协会标

---

① 师永志.直线职能式组织结构与企业技术创新能力[J].中国市场，2010(52)：31-32.

准,审查和批准技术委员会的请求和建议,验证技术委员会的规定及其标准是否满足程序要求;技术委员会执行委员会(COTCO)负责管理技术委员会,负责除标准活动外的所有事宜;出版委员会(COP)负责美国材料与试验协会出版物的相关工作;认证项目委员会(CCP)向董事会提供关于认证计划政策的建议,并负责批准认证计划和程序手册,制定、维护和管理认证程序,处理违规的程序和程序参与者。这些部门分别承担了不同的职能,专业化和标准化程度较高,各部门能够充分利用其资源,有助于知识、经验与技能的积累、整合和运用。但按照专业化分工来设立部门,会使得各部门之间横向信息交流与沟通存在障碍,一定程度上阻碍了知识和信息的碰撞、转化和应用,不利于创新能力的提高。同时由于专业化程度的提高,组织的开放性降低,不利于组织内部知识、技术的沟通与合作,削弱了组织知识协同的速度与效率。

委员会也是一种常见的组织结构,它的优点是:集思广益、防止权力过分集中、利于沟通与协调、易获得成员信任、促进管理人员成长[1]。这种形式加强了沟通与交流,可以充分了解和听取组织内不同成员的要求与建议,加快知识在组织内的流动速度;集体决策也使得不同的知识可以汇聚在一起,相互融合,提高了知识整合效率,且这种形式可以激发成员积极性,有利于提高知识运用和知识创新的能力。

此外,在组织的正式结构中,技术委员会以半自治的形式存在,根据具体情况,下设分技术委员会和工作小组,体现出团队化、柔性化和无边界的特点。这有利于打破成员之间的沟通障碍,促进了知识的吸收、转移、整合、运用;鼓励全员参与有助于提高成员的知识吸收能力;其灵活性使得组织可以适应复杂的环境,有利于知识创新。

2) 创新的激励机制促进知识协同

激励是为了调动和发挥人的积极性[2],激励机制是指通过一套理性化设计的制度来反映激励主体和激励客体相互作用的方式[3]。在知识协同过程中,对组织成员在知识协同方面的贡献给予及时的精神或物质上的肯定,可以有效地吸引和鼓励成员之间进行知识交互、共享、融合和协同创造,并消

① 盖文启.新产业区发展的区域创新网络机制研究[D].北京:北京大学,2001:30-32.
② 孙泽厚,罗帆.人力资源管理理论与实务[M].武汉:武汉理工大学出版社,2002:12-34.
③ 刘翠芳.现代人力资源管理[M].北京:北京大学出版社,2006:24-45.

除组织知识协同过程中的消极因素[①]。除了公平、公正外，创新的激励机制还应该做到：充分尊重成员个体差异、坚持物质与精神奖励相结合、坚持整体与个体相结合[②]。

美国材料与试验协会充分发挥了上述原则。协会注意到新、老成员之间的差异，为新成员快速融入组织提供了一系列的帮助，以激励新成员和老成员共同进行知识创新。新成员在加入协会后，会收到一系列电子邮件，以电子文件交互的方式帮助新成员了解协会并展开工作，且有一名工作人员会跟进电话，提供援助；每位新成员都将被邀请参加一个会议，包含新成员介绍，以及其他相关事项；此外，新成员还可以免费申请导师计划，由经验丰富的成员提供一对一的指导，帮助新成员迅速参与到组织活动中，促进知识的吸收、转移、整合、运用，为知识创新奠定基础。

美国材料与试验协会还注意到了学生成员与其他成员之间的差异，针对学生设立了学生会员，欢迎全球本科生或研究生免费参加协会的标准工作，从而使他们更好地了解标准化带来的影响并参与标准的制定。学生会员可以收到电子版的协会《标准化新闻》杂志和每月的电子新闻，充分了解最新的标准化知识信息，提高知识吸收的能力；还可以免费参加协会研讨会，进一步促进知识转移和整合；参与协会组织的学生竞赛活动，促进知识运用；毕业后可享受优惠会员费，鼓励学生进行知识创新。为了表彰学生会员的成就和学术工作，协会还为学生会员提供奖学金和实习机会，具体奖项见表 6-5。

表 6-5　美国材料与试验协会技术委员会设立的奖项

奖 项 名 称	颁发的技术委员会	获奖者需符合的条件
凯瑟琳与布莱恩特·马瑟学生贡献奖	C09 混凝土和混凝土聚集物	通过制定标准、研究论文或其他与标准相关的研究，对水泥和混凝土技术领域作出贡献的学生
凯瑟琳与布莱恩特·马瑟奖学金	C09 混凝土和混凝土聚集物	攻读水泥、混凝土材料技术或混凝土建筑专业的研究生和全日制本科生

[①] 郭彦丽,高书丽,陈建斌.文化创意型团队知识协同绩效影响因素研究[J].科技与经济,2016,29(2)：81-85.

[②] 倪乐一.科研团队创新激励机制探析[J].中国高校科技,2016(11)：26-27.

奖 项 名 称	颁发的技术委员会	获奖者需符合的条件
玛丽·诺顿纪念女性奖学金	E04 金相学	从事物理冶金或材料科学研究的女性大学生或研究生
学生表现奖	E04 金相学	提交摘要并参加 E04 学生演讲的本科生或研究生
诺亚·卡恩奖	E07 无损检测	在冶金工程或相关材料方面表现杰出的学生
最佳学生论文奖	E08 疲劳与断裂	在断裂和亚临界裂纹扩展领域发表过高质量的研究论文的学生。论文必须在由 E08 主办或联合主办的会议上发表，并且必须发表在美国材料与试验协会出版物上

与此同时，美国材料与试验协会还鼓励教育工作者使用协会的学术产品和工具，使标准化教育变得更简单和有效。协会提供了标准化领域的相关 PPT 供教育工作者们下载，内容包括：全球标准发展、美国材料与试验协会标准、美国材料与试验协会标准制定过程、标准和知识产权、标准和贸易等。协会还为教育工作者们提供了点对点资源的知识转移渠道，使教育工作者们可以互相查看课程大纲，自由发表意见，了解专业人士对标准化教育的看法，提高知识整合的速度。为了表彰和奖励教育工作者在标准化教育方面所作出的贡献，美国材料与试验协会设立了"年度最佳教育工作者奖"，每两年颁发一次。这样的激励措施使教育工作者们可以更好地教育和引导学生，帮助学生进一步了解标准并获取标准化的动态资源，为知识协同过程的可持续发展提供动力和源泉。

激励的方法可涉及文化、物质、培训、职业发展、公平和目标等方面[1]。协会从多方面去交叉实施创新的激励机制。例如在培训和职业发展方面，协会为个体成员设置了会员教室，提供在线培训课程，内容包括：网讯培训、协会在线工具的培训、制定和修订标准、实验室比对项目等。

除了作为个体的成员外，协会还为各技术委员会都设置了特定培训

---

[1]　许博.BK 公司激励机制创新设计研究[D].长春：吉林大学，2017：31-40.

选项，以帮助其更好地发展，包括：针对技术委员会中的领导设置的培训，帮助技术委员会有效运作；给技术委员会中的新成员发放信函和打电话，帮助成员了解某技术委员会的方案、特定程序和惯例，增强知识转移能力，确保知识可以被吸收。Langrish指出领导的意识会影响知识协同。而强有力的领导正是美国材料与试验协会各技术委员会成功的关键①。对于各个技术委员会，协会设置了接班人计划，鼓励所有技术委员会确定并培训潜在的领导人。此外，协会还设置了"新兴专业人才计划"，由各技术委员会具有领导潜力的成员共同参与。这些潜在的候选人将接受领导力发展培训，掌握学习谈判、建立共识和解决问题等技能；参与专业研讨会，进一步全面了解协会及其标准制定过程。关于领导的激励措施，不仅促进了知识协同，还进一步确保了协会知识协同的可持续发展。

此外，美国材料与试验协会还设立了奖励计划，感谢在标准领域作出巨大贡献、表现出色的会员。协会的奖项主要分为三类：社会奖、社会认可委员会奖和技术委员会奖。社会奖由协会的董事会创建，表彰对整个社会产生广泛影响的贡献。社会认可委员会奖由技术委员会设立，以表彰杰出成员的个人成就。技术委员会奖项由各技术委员会决定，用于表示对分技术委员会（SC）或工作组（WG）的服务、制定标准作出的杰出贡献的赞赏。为了在精神上更好地激励成员，协会还设置了一个数据库，可随时查询奖项和获奖者信息。

3）全球化的合作促进知识协同

全球化是一个以经济全球化为核心，包含各国各民族各地区在政治、文化、科技等多层次、多领域的相互联系、影响、制约的多元概念②。知识资源全球化具有高度的流动性、开放性、渗透性、共赢性、广泛性、海量性和及时性等特点③。

美国材料与试验协会是高品质和市场相关性标准制定的全球领导者，其知识来源不再偏于一隅，而是来自世界各地，摆脱了原有的地理界限和视

---

① LANGRISH I. Accelerating innovation through cooperation：a case in Britain［J］. Industrial Management. 2002(10)：20-32.

② 于桂芝.全球化、中国现代化与马克思主义［M］.杭州：浙江大学出版社,2006：78-90.

③ 李兴森、李爱华、张玲玲.论知识管理研究重心的转移［J］.当代经济管理,2010,32(12)：1-6.

野的局限性,有助于知识的互补,进而促进知识协同。目前,美国材料与试验协会的全球化合作已经取得了巨大成果:有着来自世界 140 多个国家和地区的专家 3 万余名,有 7 名董事会成员来自美国以外地区,70% 的学生会员为非美国籍人士(超过 3 500 名);董事会会议遍布全球;自 2011 年以来,每年有超过 1 000 名非美国会员参加委员会会议;全球 90 多个国家参与了美国材料与试验协会实验室能力验证项目;有 2 600 项标准以英语以外的语言进行了专业翻译;标准的收益有一半以上来自美国以外地区;美国以外的 75 个国家在法律、法规中引用协会标准超过 7 000 次;在过去的 4 年间,美国材料与试验协会总部接待了 70 个国际代表团,针对非美国团体开设了 50 门培训课程。

与外部的知识传递渠道越丰富,知识交流就越多[①]。美国材料与试验协会的全球化合作包括全球范围内的办事处、谅解备忘录项目、路演活动、多语言的期刊、培训项目、合作项目和研讨会等,其多样性的知识转移渠道,有助于知识转移和知识吸收,进一步促进了知识协同。

(1)办事处。美国材料与试验协会的总部位于美国的宾夕法尼亚州,在比利时、加拿大、中国、秘鲁和美国的华盛顿都设有办事处,有助于加深全球标准化合作伙伴关系、拓展业务,提高美国材料与试验协会标准在全球的认知度及使用率,其业务代表也遍布全球。借助于各个办事处,协会同当地政府机构、行业、学会和协会等进行接触,参加研讨会和展览会,进行培训和演讲,促进了知识交流,有利于知识转移与吸收。协会的技术传播者用协会的标准制定工具协助各行业、学术机构和技术专家扩大其技术需求,促进知识的传播、贸易的发展和研究,有利于知识转移。而全球知识的复杂性也使得组织内部的知识整合能力有所提高,有利于知识运用与创新。

(2)谅解备忘录项目。美国材料与试验协会谅解备忘录项目成立于 2001 年,是协会优化世界运转的途径,对全球标准化工作起着非常重要的支撑作用。该项目符合 WTO 技术性壁垒协定中的国际标准制定原则,这意味着标准制定者在制定标准时应考虑到尽可能多的国家和地区。截至 2018 年

---

① GUPTA A K, GOVINDARAJM V. Knowledge flows and the structure of control with in multinational corporations[J]. The Academy of Management Review, 1991, 16(4): 768 - 792.

7月31日，协会已与全球五大洲的110个国家和地区签署了谅解备忘录，签署总量呈现出逐年增长的趋势，见图6-10。

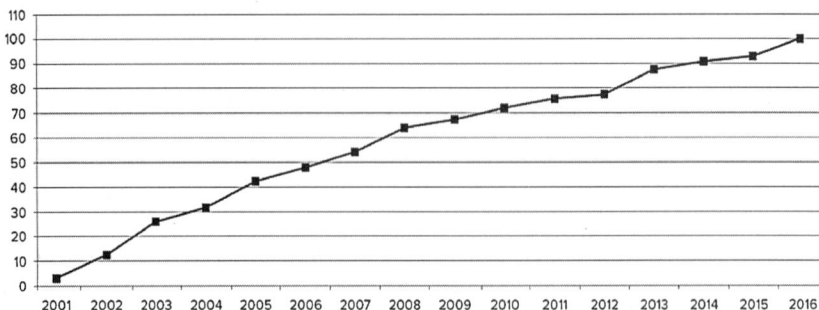

图6-10　美国材料与试验协会谅解备忘录签署总量

该项目的目标是在全球范围内推广美国材料与试验协会标准，并吸引技术专家加入美国材料与试验协会技术委员会。该项目的合作伙伴可以免费加入协会的技术委员会、免费访问协会标准、参加标准制定程序和技术内容培训、交流了解并参与特别项目等，有助于专业知识在全球范围内转移和吸收。

为了增加谅解备忘录项目的深度，2005年，协会启动了标准专家项目（SEP）。每年9月，协会组织来自全球的专家们参观位于华盛顿的办公室，使参与者亲身了解协会标准制定原则、政策和程序，为协会和其他外部机构提供了良好的沟通与学习途径，创造了知识吸收、转移及创造的媒介。

协会还为谅解备忘录项目合作伙伴提供了一个特别的资助机会——技术访问补助项目（TVGP）。该项目为谅解备忘录签署国的技术专家提供信息和资金方面的帮助，使专家们更关注协会标准信息和部门的相关工作，推动协会标准发展进程。该项目给成员带来的帮助与支持，使得他们有更强的组织认同感和知识共享意愿[①]，从而促进知识协同。

此外，谅解备忘录项目的合作伙伴代表可以在协会参与员工培训和在

---

① 何会涛，彭纪生.基于员工-组织关系视角的人力资源管理实践、组织支持与知识共享问题探讨[J].外国经济与管理，2008，30(12)：52-58.

线技术培训,包括合作伙伴感兴趣的技术专题和关于通用标准制定的专题;协会还会举办一些特定行业的专题培训,包括技术技能、标准知识和全球经验,促进整个组织内部的知识传播。

（3）路演活动。路演活动是协会成员与世界各地的利益相关者会面的机会。目前,路演活动已去过南美洲、北美洲和亚洲,具体见表6-6。

表6-6　路演信息(2016—2018)

地　　点	时　　间
利马(秘鲁)、圣地亚哥(智利)、波哥大(哥伦比亚)	2016.5.16—2016.5.20
韩国	2017.6.19—2017.6.21
中国	2017.6.22—2017.6.23
萨尔瓦多、哥斯达黎加、巴拿马	2017.9.11—2017.9.15
牙买加、特立尼达和多巴哥、圭亚那	2018.6.4—2018.6.8

通过缩短合作双方的空间距离和心理距离,可以最大限度地促进知识转移。在路演活动期间,协会会访问当地的政府机构、标准化组织、实验室、科研机构和大学,举办大量的研讨会、论坛和测试活动等,展示协会的服务、标准及相关产品等,与各利益相关者进行交流沟通,推动协会和标准化领域的发展。

（4）期刊。为了扩大全球影响力,协会提供多种语言的资料,并定期出版多语言的期刊,具体见表6-7。语言是人们沟通与交流的工具,期刊语言的多样性扩大了知识流动的范围,提升知识转移的质量,有利于知识吸收与知识协同。

表6-7　资料与期刊

内　　容	语　　言
美国材料与试验协会是什么	英语、西班牙语、葡萄牙语、俄语、法语、越南语、日语、韩语、阿拉伯语、中文
美国材料与试验协会全球领导地位	英语、西班牙语、法语、中文
标准化新闻(在线版)	英语、西班牙语
标准化新闻(期刊)	英语、法语、日文、中文

（5）培训项目。建立完善的训练和学习系统，协助成员的自我成长，有助于知识转移。美国材料与试验协会与各国的标准化组织和机构进行合作，并对合作机构人员进行标准培训以提高其专业知识水平，使其更好地参与到其组织工作中去。具体见表6-8。

表6-8　美国材料与试验协会合作培训

时间	地点	主题
2011.1	韩国	民用核能
2011.11	特立尼达和多巴哥、牙买加	钢铁
2011.11	车臣	标准中的公私合作
2012.12	美洲	混凝土和水泥
2013.4	海湾国家	可持续建设
2013.9	中国	石油
2013.11	中国	可再生能源
2014.6	中东地区	交通基础设施
2015.8	中国	美国和 ASTM 的标准化方法
2016.11	新加坡	添加剂制造
2019.11	印度	塑料

身临其境地对成员进行实地的知识培训和指导，可以使成员更有效地吸收知识。为此，协会设立强化培训项目，希望可以更好地理解和应用协会标准，促进或影响标准化领域。项目学员先通过虚拟会议工具接受初步培训；前往协会总部后，学员们将选择感兴趣的技术委员会和相关标准进行实地学习，并且可以参加委员会的周会，就各种技术问题和标准化问题交流讨论，从而不断提升自身专业知识、技能和经验，把握所在领域的最新标准化动态和技术进展，及时跟踪国际前沿信息和发展趋势，促使成员更有效地进行知识吸收和运用。

4）强大的信息化系统促进知识协同

利用现代化的信息技术、网络技术作为技术支撑，建立一个有效沟通体系和良好平台，有助于加快知识的流动，促进知识的传递与共享，提高知识共享的效率，促进知识运用。

美国材料与试验协会为了方便成员学习专门成立了电子图书馆，同时为了能更快、更有效地制定出高质量的标准，还开发了许多工具，如：标准编写模板、标准制定论坛、电子投票系统等等。此外协会的委员会技术支持部门还每周组织全球的技术委员会会员和相关专家等召开2—3次虚拟会议。如今协会所有的标准投票工作都通过电子投票系统完成,投票结束后,具体情况报告以及反对票和评论意见都会公布在网站上。网络技术和通信技术的发展,满足了协会对知识的交互性和协作性的要求,提供了更广阔的交流平台[①],拓宽了知识转移和知识协同的渠道。

协会为其成员提供了一个先进的科技平台——Compass平台,协会成员可以通过这一平台在任何时间、任何地点登录专属端口,获取所需内容。成员可以根据主题或名称、类别和时间期限进行基本检索,亦可根据书卷号和协会标准年鉴章节标题或类别进行在线浏览,检索分类系统支持多种语言。经过分类、提炼、整理后的有序的知识体系内部的知识传递速度大大提升,提高了知识使用效率[②]。为了保证信息的及时性,Compass平台的内容每两周更新一次,包括以下内容:来自ASTM标准年鉴的标准;ASTM数字图书馆的书籍、论文、技术报告、数据手册、研究材料;在线培训课程和视频;实验室比对项目的详细资料和数据;第三方法规和标准。用户可以使用设置书签和提醒功能标记经常浏览的标准和论文,极大地提高了有效整理知识的能力,促进新知识的掌握与理解。Compass平台还有新旧版本对比工具,可以快速识别标准更新,使其成员不再需要对文档进行人工比较,提高了知识的发掘、处理与传递的有效性和简便性。通过Compass平台,用户可在标准里添加注释和附件,标注可以自用,也可以与选定的成员群进行分享,良好的交互性使ASTM内知识传播与共享更为方便。

除了快速和便捷的获取信息之外,Compass平台还具有帮助成员更好地使用和了解ASTM标准的功能。通过学习管理系统(LMS),成员可以按照自己的进度,自主完成学习、复习和测验的过程。通过协作工具——规范生成器,成员可以制定公司内部规范、测试方法和程序、上传文件和文档草案,使得知识运用更为简单,为知识创新提供良好的基础;与小组成员讨论

---

① 王慧,戚晶晶.企业间知识协同的影响因素概念模型研究[J].河南工程学院学报(社会科学版),2014,29(4):10-16.

② 王慧,戚晶晶.企业间知识协同的影响因素概念模型研究[J].河南工程学院学报(社会科学版),2014,29(4):10-16.

和分享评议和意见，促进了沟通与交流，有利于知识转移、吸收和整理；引用并超链接 ASTM 相关标准，降低了知识获取成本，有利于知识转移和知识吸收。

ASTM 通过强大的信息化系统，极大地提升了标准制定的效率、沟通的充分性和有效性，高效率地实现了标准知识传播与共享。

3. 小结

作为世界上最大的自愿性标准制定组织之一，美国材料与试验协会以推动公共服务发展、促进社会进步为宗旨，从组织结构、激励机制、信息化系统以及组织的全球化活动等多方面促进了知识资源的相互流通，对加快知识的协同发展产生了深远的影响。

美国材料与试验协会的组织结构具有命令统一、分工明确等多重优点。垂直式的结构有利于知识层级之间的流动互通；职能部门分工明确，保障了各部门的专业化以及标准化程度，最大程度上实现了部门内的知识积累和知识运用。在组织结构上，委员会的存在避免了由于成员信息交流受阻而产生的问题，加快了知识转移和整合的速度，提高了知识创新的能力。

组织成员之间的知识交互、共享以及创造是知识协同的关键环节。基于此，美国材料与试验协会设有完善的奖励机制，鼓励成员积极参与到活动中来，为知识创新提供源源不断的动力。协会始终坚持"大同小异"的原则，在各项活动中，都会从不同角度不同层面上引导成员之间知识的相互融合以及共同创造，增强知识协同的能力。

全球化的兴起改变了现代标准化的发展，将世界紧密联系成为一体。在这个复杂且漫长的过程中，知识资源日益扮演着举足轻重的角色。作为一个包容性的国际协会，美国材料与试验协会通过其透明、公平的标准制定原则为全球提供了完备、高效的社会服务。并借助网络技术为标准化工作者搭建了一个有序的沟通平台，方便全世界的专家和技术人员进行知识的交流，极大地提高了知识整合的效率，有利于知识协同的稳定发展。同时，全球化合作进程也为协会拓宽了知识转移渠道，加强信息的流通和开放，增强了成员进行知识运用能力。

知识资源在全球范围内的合理配置是经济发展的必然结果，知识协同更是推动全球化发展的根本要素。因此，实现技术标准化与知识管理协同发展也就成为美国材料与试验协会的历史使命。

三、偏政府型联盟——浙江省品牌建设联合会案例

浙江是制造业大省,相当一批产业和产品的市场占有率、出口规模居全国前列。与此同时,当前浙江省制造业总体仍处于产业链的中低端,存在核心竞争力和自主创新能力不强、知名品牌不多、质量效益不够理想等问题,亟待转型升级和创新发展。在这样的背景下,浙江省政府希望通过"标准+认证"提升产品质量水平和品牌知名度。2014年,为了实现发展先进制造业的目标,浙江省人民政府在工作报告中提出了"实施标准强省、质量强省、品牌强省战略,打造'浙江制造'品牌"的要求,并制定出台《关于打造"浙江制造"品牌的意见》。浙江省政府将"浙江制造"作为区域品牌进行部署和资源配置。浙江省品牌建设联合会(简称:浙江品联会)主要负责"浙江制造"品牌培育、标准制定、成员协调,政府的深度介入与推动是其发展的主要特点。

"浙江制造"是以"区域品牌、先进标准、市场认证、国际认同"为核心,以"高标准+严认证"为手段的区域团体标准组织。在浙江省品牌建设联合会的案例中,文化、保障机制、地理距离和组织行为对知识协同有影响,具体表现为地域文化、政府支持、邻近性地理位置和创新的推广方式。

1. "浙江制造"简介及案例背景描述

1)"浙江制造"的来源与发展历程

随着世界经济、文化、技术等各方面的融合,传统的经济发展方式需要得到改善与加强。而作为实体经济之本的制造业,需要创造以产品创新为核心的竞争优势。自党的十八大召开以来,质量工作的重要性愈发突出,以习近平同志为核心的党中央领导明确提出要将推动发展的立足点转移到高质量和高效益的建设中来,将经济社会发展推向质量时代;在2018年年底召开的中央经济工作会议就提出将"推动制造业高质量发展"作为今年的首要任务,党中央对制造业发展的重视由此可见一斑。

浙江作为一个制造大省拥有得天独厚的地理条件和人文环境,为进一步夯实"八八战略"[①],2014年,浙江省人民政府制定出台了《关于打造"浙江

---

① 八八战略是指2003年7月,中共浙江省委举行第十一届四次全体(扩大)会议,提出面向未来发展的八项举措,即进一步发挥八个方面的优势,推进八个方面的举措。

制造"品牌的意见》；2016 年,浙江省政府批准实施《"浙江制造"品牌建设三年行动计划(2016～2018 年)》,真正将"浙江制造"作为区域品牌进行部署和资源配置；2018 年已有 556 家企业获得"品字标"的认证,"浙江制造"正引领着浙江省高质量发展走向辉煌。

2) 浙江制造的创新实践

建设"浙江制造"品牌的过程,突出表现为以高标准带动浙江省企业产业品牌发展和以严认证打造市场信任。经市场与社会公认,"浙江制造"代表浙江制造业先进性的区域品牌形象标识,是浙江制造业的"标杆"和"领导者",也是高品质高水平的"代名词"。

为有效促进浙江经济的发展,"浙江制造"在多个领域均涉及了标准编制的工作,分别包括新材料、节能环保、智能制造装备、通用装备及零部件、特色装备及零部件等共 53 种产品。在标准定位上,要求国际同类产品应达到国际水平,如无同类国际产品则达到国内一流水平；在标准设计中,"浙江制造"强调"全生命周期"理念,特别是在产品售后服务方面提出了高要求,提高顾客对产品质量乃至市场营运的信心；在产品标准的构建过程中考虑社会责任以及管理体系的要求。

市场认证是提高品牌权威性和公信力提供重要途径。浙江制造引入了第三方认证机构,将品牌的评价工作通过社会评价和市场认可的方式开展,打造了开放性认证体系。"浙江制造"在国家认监委的复批下于 2014 年成立了"浙江制造"认证联盟；2016 年由于吸纳了美国 UL 公司、必维国际检验集团等 5 家国际认证机构,更名为"浙江制造"国际认证联盟。此外,"浙江制造"采用"A＋B"的标准体系模式对好企业和好产品都提出了更高的要求,坚持"企业自主声明＋第三方认证＋政府监管＋社会采信"的认证制度,并通过国际认证机构扩大认证结果的采信。

3) 浙江制造的影响

通过近年来的磨合与实践,"浙江制造"正逐步引导浙江的企业与产业走向高质量的时代。通过举办大型"浙江制造"工匠评选活动、参与国际峰会,展示"浙江制造"的产品,赢得了世界的认可,成功树立了浙江制造业的标杆。同时经过对重点行业的培育,引领了其他行业质量竞争的潮流,有力地推动了传统产业更新迭代的进程。

2."浙江制造"团体的知识协同方式与途径

1)地域文化促进知识协同

组织文化的成功塑造,能够有效地促进个人隐性知识持续地转变为组织中的共享知识,对共同愿景的树立和团体学习氛围的形成具有关键意义。在共同愿景的指引下,成员之间乐于知识共享和交流,隐性知识在交流过程中得到融合和升华,使知识交流者得到启发和提升[1]。在已有研究中,有较多学者认为文化对知识协同有影响,证明了地域文化对知识协同有正向影响作用[2]。

"浙江精神"是浙江人民在千百年来奋斗发展中孕育出来的宝贵财富,是浙江发展的动力,也是浙江地域文化个性和特色的表达。2016年,习近平总书记将"浙江精神"概括为"干在实处、走在前列、勇立潮头",这已经深深刻在每一个浙江人的骨子里。与此同时,以"勤奋、合作和创新"为精髓的"浙商精神",也使浙江的企业家拥有了独特的人格魅力和精神气质。他们身上所拥有的创新进取、诚实守信、合作共赢、开放包容的价值元素,使其更愿意从合作的视角看待竞争对手,这种大气包容的文化产生了强大的产业协同能力,也成为推动"浙江制造"发展的良好的文化支撑。

2)政府支持促进知识协同

布林德认为政府干预是减少信息不对称的有效工具,政府可以通过公共政策增加市场交易的透明度,构建良好的信息交流机制等[3]。在中国,政府支持对知识转移有促进作用,对知识创新有调节作用[4]。

2015年12月,浙江省质监局发布了《关于扶持"浙江制造"品牌发展的意见》,明确了"浙江制造"标准的定位是团体标准,由省品牌联统一组织制定和批准发布,奠定了省品牌联的地位。财政扶持政策也有利于加强知识协同的意愿。例如,2016年5月,金华市人民政府办公室发布的《金华市人民政府办公室关于扶持"浙江制造"品牌发展的实施意见》,提出了"加大金

① 胡丽,陈德玲,黄克琼.高校隐性知识共享及其运行模式研究[J].科技进步与对策,2007(8):153-155.
② 王海花,蒋旭灿,谢富纪.开放式创新模式下组织间知识共享影响因素的实证研究[J].科学学与科学技术管理,2013,34(6):83-90.
③ 布林德.标准经济学:理论、证据与政策[M].高鹤,译.北京:中国标准出版社,2006:45-66.
④ 曹勇.新兴企业知识治理与知识转移:政府支持的调节效应[A].见:中国技术经济学会.第十一届中国技术管理(2014 MOT)年会论文集[C].中国技术经济学会,2014:9.

融支持"的意见。政府还出台了多个关于"浙江制造"的地方产业政策和科技政策，如《中国制造2025浙江行动纲要》《"浙江制造"品牌建设三年行动计划(2016～2018年)》等，为其提供了良好的政策环境支持。

此外，各级市场监管局等相关职能部门通过工作调研、座谈会、学习班等方式，鼓励企业共同打造"浙江制造"品牌，主动实施，推动成员企业进行知识共享。作为《浙江省标准强省、质量强省、品牌强省"十三五"规划》和各地市质量发展规划的重点内容，各级政府积极开展了与之相配套的亮点工作和特色工程，并通过"浙江制造"培育名单、"浙江制造"精品名单等活动，培育和树立标杆企业。落实到位的政府的行动为浙江品联会内部成员间的知识协同提供了稳定的外部环境。

3) 邻近性地理距离促进知识协同

"浙江制造"是代表浙江制造业先进性的区域品牌形象标识。省品牌联的成员也都为浙江省内政府机构、科研机构、高等院校、检测机构、认证机构、行业协会和企业等。地理邻近性使知识互换和交流的成本较低，相似的社会和文化基础促进了知识交流的理解与信任，推动了交互式学习，从而促进知识创新[①]。

浙江省原有的优势——众多的高新园区、产业集群和特色小镇，也在一定程度上促进了"浙江制造"的发展。浙江省拥有6个国家级高新园区、25个省级高新园区、4大科技城以及杭州国家自主创新示范区，产学研合作行为对产学研知识协同绩效有正向影响[②]。高新园区内的企业、大学以及研究院所等创新主体优势互补、风险共担，加速了技术的推广、运用、产业化。Canils等强调，组织间知识的有效转移建立在适度的知识势差基础上，在一定范围内，知识异质性程度越高，知识转移速度就越快，知识吸收能力越强，知识协同水平也就越高[③]。高新区中的大学、研究机构和企业充分利用这种知识势差，促进知识转移和吸收，合为有机整体共同进行知识创新。

---

① 张艳,吴中,席俊杰.区域创新系统的内部机制研究[J].工业工程,2006(3)：9-14.

② 何郁冰,张迎春.网络嵌入性对产学研知识协同绩效的影响[J].科学学研究,2017,35(9)：1396-1408.

③ CANILS M C J, VERSPAGEN B. Barriers to knowledge spillovers and regional convergence in an evolutionary model[J]. Journal of Evolutionary Economics, 2001, 11(3)：307-329.

浙江省还拥有成百上千个特色鲜明的区域性特色经济块,这些块状集群的总产值占全省工业总产值的60%以上。目前,浙江省已经形成了义乌小商品、萧山化纤、绍兴纺织、乐清电气、永康五金、海宁皮革等产业集群,有15个省级产业集聚区和42个现代产业集群试点。产业集群内拥有较好的知识流动行为,构成了同行企业之间学习互动、知识共享的网络,实现了整个产业集群的知识创新。

特色小镇作为产业集群的升级,得到政府机构的高度重视,并将其建设作为新常态下浙江创新发展的战略选择。目前,浙江省已全面启动建设两批共79个特色小镇,力争形成"产、城、人、文"四位一体有机结合的重要功能平台,产生品牌效应和集聚效应,吸引小镇发展所需的人才、技术、资金等各类高端要素,形成富有吸引力的创业创新生态。特色小镇充分利用知识和技术溢出效应及经济辐射效应,实现了创新知识资源共享模式,进一步推动了知识协同发展。

高端创新载体的建设和创新型企业的培育,加上浙江良好的创新创业环境,使"浙江制造"获得了快速发展。邻近性的地理条件和相似的文化背景也大幅降低了知识交换成本,推动着知识协同和创新。

4) 创新的推广方式促进知识协同

宣传推广是沟通与交流的一种现代化形式,会直接影响知识的转移效果和吸收程度。省品牌联充分运用了各种载体宣传"浙江制造"品牌的核心价值理念和口号,充分发挥舆论的引导作用,让"浙江制造"品牌内涵深入人心。

(1) 新媒体。新媒体是新的技术支撑体系下出现的媒体形态,如数字杂志、数字广播、手机短信、数字电视、触摸媒体、手机网络等。新媒体的出现使得主体间的知识传播更为便利、隐性知识更加显性化,从而有利于知识的共享[①]。

2016年5月25日,省品牌联通过"浙江制造"品牌建设微信公众号平台,正式启动了2016年度"浙江制造"品牌企业点赞活动,共有29家来自全省各地各行业的"浙江制造"认证企业参与,社会各界共有超过25万人次参与,取得了极大的社会反响。具有话题性和新鲜力的创意吸引了较高的关

---

① 朱玉洁.虚拟组织知识共享影响因素分析及其有序共享策略[J].商业时代,2012(13):96-97.

注度,利用这样的活动可以使知识转移和知识吸收更为容易,有利于知识协同。

2016 年 12 月 14 日,省品牌联与浙江省质量强省工作领导小组、浙江省质量技术监督局、浙江在线新闻网站联合主办的“浙江制造品牌建设新闻网”正式上线。网站开设了新闻聚焦、标准查询、认证查询、“浙江制造”品牌视界和线上展览馆等栏目。网站上既有对“浙江制造”品牌的释义,让更多人了解浙江制造,也有对浙江制造政策的详细解读,使企业能够熟知掌握,为知识运用和创新做好铺垫。网站上会对获得认证的企业和产品进行公布和展示,为企业搭建了一个展示自我、宣传自我的平台,给予了企业精神上的激励,促进知识协同。

具有时效性和有偿性的活动能更好地激励成员的知识创新意愿。2017 年 6 月 6 日,由省品牌联组织的“品牌”故事微信征稿活动正式拉开帷幕,活动旨在深入挖掘和反映企业、检测机构、认证机构、高等院校、管理部门、消费者等从不同角度对“品牌”的看法,获得了高度关注和极大的成功。为了进一步促进知识的流动与吸收,省品牌联还承办了“品字标‘浙江制造’品牌故事海报征集及联展活动”和“品字标‘浙江制造’品牌故事微电影(视频)大赛活动”;在 2017 年浙商大会期间,推出“为‘浙江制造’打 call 上墙活动”和“为‘浙江制造’助威活动”。这些活动有效传播了“浙江制造”品牌理念、“浙江制造”企业和产品,丰富了“浙江制造”的内容,增强了知识转移、知识吸收、知识整合的能力,激发了知识协同的动力,促进了知识协同。

(2) 质量比对活动。省品牌联每年都会举办质量对比活动。2017 年 4 月,省品牌联和浙江省质量技术监督局共同选取了极具浙江产业代表性的四家知名企业,从企业综合能力及实物质量两个方面与德国知名品牌进行综合比对。省品牌联合英国标准协会,深入企业内部开展包括企业品牌、企业整体质量管理能力、产品体验评价等三个维度九个方面的比对活动,分析得出“浙江制造”认证企业在技术创新与设计开发方面更能适应目前的市场环境。通过质量比对活动可以更为清晰地发现自身的优势与不足,与世界一流企业和标准协会的沟通与交流可以加速知识整合的过程,以此来促进知识协同。

(3) 合作。Carayannis 认为组织间合作的动机是共享知识,而知识交易和知识共享是创新的基础,组织间合作可以促使知识在组织间转移①。因此,省品牌联广泛地开展着合作活动。

2017 年 2 月 26 日,省品牌联与慧聪网达成战略合作,双方将合作共建电商平台"浙江制造"品牌专区,携手共办"浙江制造"品牌宣传主题展会,合力推进"浙江制造"品牌训练营的建设等。省品牌联与网络平台的合作,实现了知识资源的共享与互补②,促进了知识协同。

2017 年 4 月 12 日,省品牌联在"国际、全国标准化技术委员会对接浙江产业活动"上,与 36 个国际和全国标技委签署"浙江制造"标准战略合作备忘录。双方将共同建立国际、全国专业标准化技术委员会与浙江省优势产业、新兴产业的对接交流平台;共同实施"浙江制造"标准提升工程,研制形成一系列国际先进、国内一流,拥有自主知识产权的"浙江制造"产品标准,构建高水平的制造业标准体系;培养多层次标准专业人才,以项目搭平台,探索形成标准领域各级各类人才的合作培训机制。主体之间的相似性是知识合作的基础,但知识差异过小不利于发展合作关系。省品牌联与各技术委员会拥有部分相似的专业知识,但在组织结构、制度、文化和行为方面又存在着一定的差异,这样的合作有利于知识的转移、扩散与双方的知识协同。

2017 年 4 月 20 日—4 月 29 日,省品牌联开展了"奥地利、比利时、瑞士'浙江标准'走出去系列活动",此次活动打响了"浙江制造"的国际影响力。活动期间,访问团与维也纳联合国城联合主办了"浙江标准"推介交流会,来自奥地利与浙江省的 40 余家企业以标准互联互通为切入点,就产业投资、经贸合作、技术研究、人才访问等进行了深入交流;访问团还在比利时布鲁塞尔举办了"浙江标准"推介交流会,来自欧洲标准化委员会、中国驻欧盟使团、必维国际检验集团以及比利时的 50 余家优秀企业的代表出席了会议;访问团还与瑞士标准化协会就标准化管理体制、标准化体系、标准供给模式进行了深入探讨,瑞士方面对"浙江标准"

---

① CARAYANNIS E G, ALEXANDER J, IOANNIDIS A. Leveraging knowledge, learning, and innovation in forming strategic government-university-industry (GUI) R&D partnerships in the US, Germany, and France[J]. Technovation, 2000, 20(9): 477-488.

② 汪忠,黄瑞华.合作创新企业间技术知识转移中知识破损问题研究[J].科研管理,2006(2): 95-101.

体系与"浙江制造"品牌给予了高度赞扬，并表示愿意支持"浙江标准"构建工作和推进双方标准的交流互认。在此次合作中，各组织之间的专业领域、知识结构、文化氛围、人力资本等各不相同，导致知识存量在各个主体之间分布不均衡，而这种不均衡会引起知识势差，最终引发知识的转移①。

（4）培训学习。通过各种途径和方式学习，组织成员可以不断获取组织内外部的信息与知识，再通过交流与合作获得一致性认识，从而增加组织的知识积累和知识共享意愿，提升组织的知识能力。为此，省品牌联组织了大量的培训活动来促进知识协同。例如，2016年8月8日，省品牌联在杭州举办了"浙江制造"标准年度第二期标准师资培训，共130多名学员。会议主要介绍了"浙江制造"标准编制管理流程，并结合具体案例讲解"浙江制造"标准研制要求，对重点问题作了详细分析。这种专业培训有效对接了知识源，不仅促进了知识吸收与转移，还提高了知识整合和运用的能力。

与此同时，省品牌联还开展了系列培训课程，如定期举办"浙江制造"标准培训会。这种具有连续性的定期培训，可以针对问题有效整理并调整知识，利用整合后的新知识更好地进行知识创新。

3. 小结

"浙江制造"主要进行标准的制定、实施和认证工作，其新闻效应和经济效益都已经逐步呈现。"浙江制造"所取得的成果与浙商勇于开拓的创新精神和善于捕捉市场优势的思变精神密不可分。加之很多优势产业集聚在各县市，大中企业之间能够进行有效的信息互通、要素互补；企业与用户的互动，使得新工艺、新技术能够迅速传播；"浙江制造"为行业内优秀企业的沟通提供了更多机会，有助于增加思想碰撞而产生创新思维；同一园区企业管理人员与技术人员的定期交流会为各个企业带来创新灵感，这一切都使知识技术外溢性得以充分体现。更为重要的是，政府在标准的制定、实施、扩散和认证工作中，起到了强有力的推动作用，通过多样化的形式，为企业之间的协作提供了良好的平台，从而达到增加知识存量、提高组织知识共享能

① 王欣，刘蔚，李款款.基于动态能力理论的产学研协同创新知识转移影响因素研究[J].情报科学，2016,34(7)：36-40.

力的目的,极大地促进了知识协同的发展。

第四节 案 例 总 结

1.技术标准联盟内部知识协同的因素分析

本书从环境因素、组织因素和成员因素三方面对不同类型的技术标准联盟进行梳理、分析,发现影响技术标准联盟内部的知识协同的因素有保障机制(政府支持、信息技术支持)、地理距离、组织结构、文化、激励机制、组织行为和成员类型。

"偏政府型""完全市场型"和"偏市场型"技术标准联盟的知识协同机制、推动知识协同的主要因素和影响知识协同的途径存在一定的差别,见表6-9。不同类型的技术标准联盟,其知识协同过程同中有异,每个阶段表现出的知识协同能力也有所差别,但在适合的环境和有效的运行中,都能表现出良好的知识协同效果。

表6-9 不同类型的技术标准联盟对比

	偏 政 府 型	完 全 市 场 型	偏 市 场 型
机制	政府机构作为主导者,直接影响组织的日常运营和行为,有效保障知识协同的发展	充分发挥市场在标准化资源配置中的决定作用,激发企业活力,鼓励利益相关者参与,调动各方面的积极性,以促进知识协同	政府机构作为引导者和扶持者,提供有效的保障措施,而作为市场代表者的企业和各利益相关方是参与者和实施者,增添了灵活性,共同促进知识协同的发展
推动知识协同的主要因素	外部保障	良好的沟通交流	体制基础; 环境氛围
影响途径	政府机构制定的相关政策和文件; 政府机构在资金、管理、宣传等方面的支持与帮扶; 政府机构开展的活动	成员自身利益; 市场竞争行为	政府机构制定的相关政策和文件; 政府机构开展的活动; 政府机构在资金、管理、宣传等方面的支持与帮扶; 成员自身利益; 市场竞争的行为

研究从主体、环境、制度和媒介四个维度进行整理分析，发现完全市场型主要受媒介因素（信息系统和交互平台）、主体因素（组织结构）、环境因素（全球化背景）影响；偏市场型受主体因素（组织结构）、环境因素（文化氛围）、制度因素（政府治理）、媒介因素（交流媒介）影响；偏政府型主要受制度因素（政策支持和政府工程）、主体因素（组织结构）、环境因素（地理优势）影响。

由表 6-10 可知，完全市场型技术标准联盟更依赖于网络信息平台的构建，受到媒介因素的影响较多，灵活但稳定性不足；偏市场型中，由于政府的适当介入，解决了信息不对称的问题，其知识协同的影响因素均衡地分布在四个维度，知识协同过程刚性与柔性并济，环境适应力强；偏政府型技术标准联盟的知识协同过程更依赖于政府提供的制度支持，在相同条件下会更稳固，但一定程度上会削弱市场知识创新的活力。

表 6-10　不同类型技术标准联盟影响因素对比分析

	完全市场型	偏市场型	偏政府型
主体因素	○	○	○
环境因素	○	○	○
制度因素		○	○○
媒介因素	○○	○	

注：○表示受该类因素影响，○的个数表示受几个该类因素的影响。

2. 技术标准联盟内部知识协同的路径分析

从知识协同的视角对 ETSI、ASTM 和浙江省品牌建设联合会进行案例分析后，不仅可以得出不同类型技术标准联盟内知识协同的因素差异，同时由于技术标准联盟的运作机制、角色定位不同，实现知识协同的路径也不尽相同，具体可见图 6-11。

在完全市场型技术标准联盟中，企业是组织发展的主要力量。由于完全的市场化，其知识协同行为主要靠市场外部需求、竞合关系以及内部机制来实现。市场外部需求决定了标准化的动机与对象，使得组织内部具备协同一致的标准化目标；竞合关系主要体现在标准制定过程中的游说与博弈，企业之间利益冲突通过复杂的竞争与合作关系寻求到一个平衡点，不同主体之间最终实现协同；同时，完全市场型技术标准联盟依赖于自治的组织结

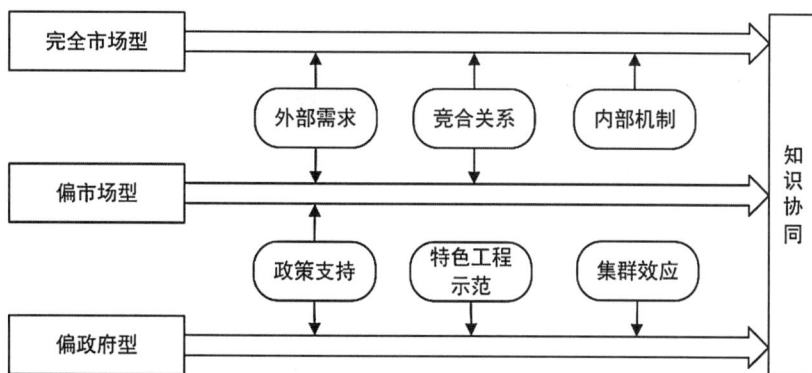

图 6-11 三种类型技术标准联盟组织内知识协同的路径

构、开放的组织文化以及强大的信息系统等内部机制来保障知识的协同发展。

在偏市场型技术标准联盟中,政府的介入程度较低,以市场驱动为主。政府作为引导者和扶持者,从政策、资金上提供少而精的间接保障措施,但并不会直接介入其内部的管理与标准的制定行为;而市场为其标准化行为提供了及时的外部需求,帮助确立标准化目标,开展新一轮的知识协同行为;同完全市场型类似,偏市场型的组织成员形成了有序的竞合关系,从而推动着知识协同的发展。

偏政府型技术标准联盟虽然是面向市场的,但相较以上两种类型,政府的治理角色和规制作用更突出。偏政府型技术标准联盟中,政府和企业共同监管与合作,组织的主要经济来源为政府拨款,其地位、职责和工作流程等直接受政府发布的政策文件影响;偏政府型的组织行为受到政府的高度关注,政府与技术标准联盟间进行着密切的技术合作,并通过一些特色工程,为组织提供技术支撑和进行活动宣传,鼓励社会各界的加入;同时,由于该类技术标准联盟一般具备鲜明的地域性,因此地方的产业集群效应也是推动其实现组织内知识协同的有效途径。

第七章
我国技术标准联盟和团体标准治理的建议

    自 1979 年改革开放以来,我国政府对标准化工作的关注程度持续加强,2001 年起相继成立了国家质量监督检验检疫总局、国家标准化管理委员会、国家认证认可监督管理委员会,加强对标准化相关工作的统一指导和规范管理工作。在各部门和各地方的统筹协作下,我国标准化事业取得了长足、快速的发展。截至 2018 年年底,在国标委主导下建立的官方平台——全国标准信息公共服务平台上,我国国家标准共 36 949 项,国家标准样品共 1 439 项。其中,强制性标准 2 111 项,推荐性标准 34 464 项,指导性技术文件 374 项。我国行业标准共有 67 类,备案行业标准共 61 854 项。我国备案的地方标准共 37 066 项。截至 2019 年 6 月底,我国共有团体标准 8 818 项,制定标准的社会团体总数为 2 470 个;企业通过统一平台自我声明公开标准约 107 万项,已大体形成了覆盖第一、二、三产业及各个行业、领域的标准体系,标准在我国经济生活中已经成为重要而基础的一环。与此同时,我国标准化工作的形势依然严峻,标准制定主体单一、体系失衡,标准内容交叉重复矛盾、系统性不强,标准质量不高,供需不匹配和标准泛化滥用的问题依然存在。因此,在"紧紧围绕使市场在资源配置中起决定性作用和更好发挥政府作用"的总体目标之下,需要通过简政放权,激发市场主体活力,逐步取消企业标准备案等措施,更好地促进技术标准联盟和团体标准的发展。

第一节　发展现状

一、技术标准联盟

随着技术的进步和创新的加速,由行业的领先企业和龙头企业结成标准联盟共同创立标准成为标准化领域的重要趋势。因此技术标准联盟成为推动技术标准创新的组织,也成为产业的生命周期从早期走向成熟,从实验室走向市场的重要手段,也就是我们通常说的技术标准化。技术标准联盟的出现有着深刻的技术经济背景,所以在国外的发展也比较早,在第二代移动通信标准 GSM 的推广过程中,当时的摩托罗拉、爱立信、诺基亚、西门子等公司结成了技术标准联盟,共同制定联盟标准,获得了巨大的市场优势。

国内技术标准联盟随着世界范围内技术标准联盟的兴起而发展,但由于很长一段时间以来,国内标准体系是由国家标准、行业标准、地方标准、企业标准构成,行业标准主要由我国各主管部门发布制定,少量为行业内官方协会制定。联盟标准并没有被纳入国家法定的标准体系之内,缺少法律效应,因而发展速度一直较为缓慢。国内技术标准联盟中发展最为迅速的是通信行业,以闪联、中国数字音视频技术标准联盟(AVS Industry Alliance,AVSA)等联盟为代表。自 2006 年起,国内技术标准联盟逐渐受到广泛重视。2008 年国家知识产权局出台《国家知识产权局专利战略推进工程管理办法》,文件提出专利战略联盟应当以专利或者专利技术标准为纽带加强区域个体合作,自此技术标准联盟开始逐步发展,各省和地区也相继颁布了一系列的政策,见表 7 - 1。

表 7 - 1　近年来关于技术标准联盟的相关政策

地　区	政　策　名　称	时　间
陕西省	《关于扶持产业联盟标准的管理办法》	2009
深圳市	《深圳市企业标准联盟管理办法》	2009
义乌市	《联盟标准"使用管理办法"》	2009
山东省	《山东省企业联盟标准管理办法》	2011/2017
攀枝花	《攀枝花市企业联盟标准管理办法》	2012
辽宁省	《辽宁省企业联盟标准管理办法》	2014

（续表）

地　区	政　策　名　称	时　间
宁波市	《宁波市联盟标准与标准联盟组织管理办法》	2014
吉林省	《吉林省联盟标准管理办法》	2015
佛山市	《关于制定联盟标准与建立标准联盟组织的指导意见(试行)》	2015
海宁市	《联盟标准管理规范》	2015
安徽省	《关于深化标准化工作改革的实施意见》	2015
滁州市	《滁州市产业联盟标准管理办法》(安徽首个)	2016

各种政策的相继出台，为企业提供了结盟的重要导向。政府利用其宏观视角、超前的信息资源和敏锐的把控手段引导企业自发形成技术标准联盟，为联盟发展提供了先驱动力。国内首次出现的技术标准联盟是在信息与通信技术(ICT)行业，中国数字音视频技术标准联盟、中国信息设备资源共享协同服务技术标准联盟（闪联）、中国高清晰电视技术标准联盟等是国内较为早期的技术标准联盟，是我国技术标准联盟的先行者。在新修订的《中华人民共和国标准法》出台以后，现有的技术标准联盟开始转向本行业领域内的团体标准制定，联盟标准也向团体标准转型。

二、团体标准

随着我国经济的迅猛发展和技术创新的不断突破，原有的以政府为主导的标准化体系无法满足社会和市场需求。学习西方发达国家的自愿性标准体系，充分利用我国社会团体资源，发挥社会团体的活力，拓宽标准供给渠道，将自愿性标准交由社会组织制定已是大势所趋。由于专业协会和学术团体制定的标准活跃度高，贴近市场需求，能迅速对技术进步做出反应，极大地调动了各行业的积极性。2015年3月，我国国务院印发了《深化标准化工作改革方案》的通知，将团体标准纳入标准化体系，鼓励具备相应能力的学会、协会、商会、联合会等社会组织和产业技术联盟协调相关市场主体共同制定团体标准，建立政府主导制定的标准与市场自主制定的标准协调配套的新型标准化体系。2018年1月1日，新《标准化法》正式发布实施，新修订的法律给予了团体标准明确的法律地位，市场自主制定的团体标准、企业标准与政府主导制定的国家标准、地方标准等共同构成国家标准体系。

团体标准是指由团体按照自行规定的标准制定程序并发布的、供团体
成员或社会自愿采用的标准。我国大力发展团体标准,有利于激发市场主
体活力,满足市场创新需求,从而消除以往我国政府主导型标准制定模式的
多种弊病。2019 年 1 月 18 日,根据新《标准化法》,国家标准化管理委员会
和民政部制定了《团体标准管理规定》,它的正式出台成为团体标准治理的
重要依据。经过 4 年的发展,截至 2018 年 12 月,超过 1 824 个社会团体已
经在团体标准信息平台上注册,发布了 4 624 项团体标准信息,且这个数量
还在快速增长中,见表 7 - 2。

表 7 - 2　全国团体标准信息平台注册团体及团标发布情况

	2016.10	2017.10	2017.12	2018.10	2018.12
团标组织	203	822	1 081	1 772	1 995
团标发布	221	1 592	2 159	4 274	6 001

从在地域分布方面看,有 31 个省市发布了团体标准。在覆盖领域方面,
团体标准涵盖了国民经济的绝大部分行业,且以制造业为主,见图 7 - 1。

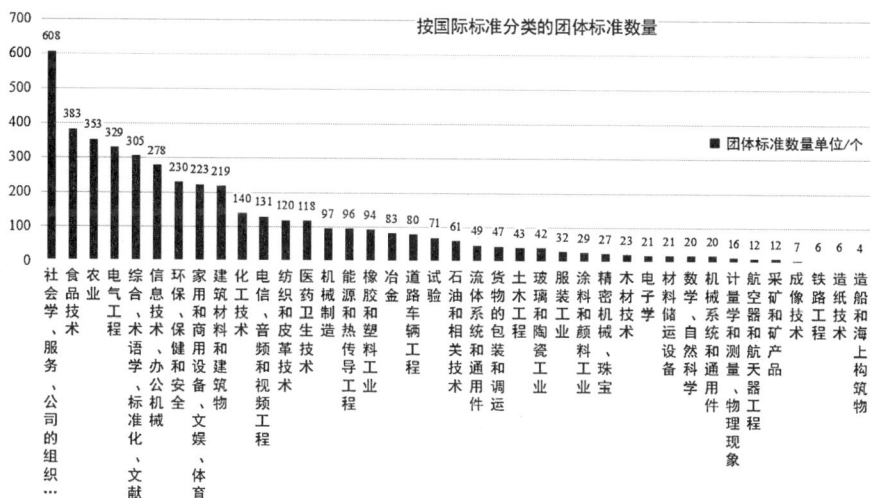

图 7 - 1　团体标准数量的行业分布(按国际标准分类)

我国团体的发展经历了协会标准、联盟标准的阶段,从 20 世纪 80 年代
开始,中国工程建设标准化协会等相关学会和协会,开始在协会范围内制定
相应的标准。之后,像中国通信标准化协会、中国汽车工程学会等行业组织

纷纷制定了一系列的协会标准,但由于这些协会本身为政府事业单位,因此制定的标准也主要是政府主导。随着产业的不断发展,在一些高技术产业领域,对于行业内部的规制需求越来越显著,但以政府主导的国家标准化管理体系存在着结构性的问题,标准交叉重复、缺失、滞后老化,市场没有发挥应有的作用等问题严重制约着我国标准化工作的开展。在一些核心的关键技术领域,为了建立技术标准实现产业创新,企业基于资源动机、交易成本动机以及网络外部性考虑,组建了技术标准联盟,TD - SCDMA 产业联盟(2002)、CSA 国家半导体照明工程研发及产业联盟(2004)、AVS 产业联盟(2005)、IGRS 闪联技术标准产业联盟(2005)、WAPI 产业联盟(2006)都是那个时期我国主要的技术标准联盟,制定了多项的联盟标准,并且有相当部分的联盟标准后续转化为国家标准。随着新《标准化法》的颁布及"政府＋市场"的标准化管理体制确立以后,团体标准的法律地位也随之确立,原有的协会标准随之也被团体标准所取代。在一些行业中,联盟标准依然以一种私标准的形式存在。团体标准的发展历程见图 7-2。

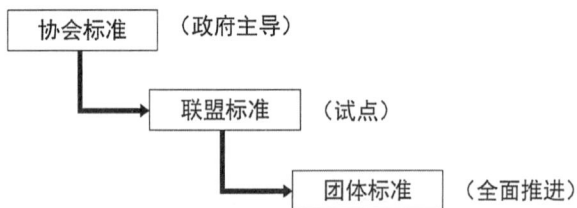

图 7-2 我国团体标准的发展历程

第二节 治理建议

知识的扩散对经济的增长已经超过了知识创新的本身①。知识的流动使标准知识的共享和传播成为可能。尤其对标准制定组织内部成员而言,知识协同促进了标准生命周期各个阶段的知识获取、应用和转移,也使得组织的标准化水平随之螺旋上升。因此,研究标准制定组织的知识协同,对于激发我国市场活力、打造新型标准体系尤其对市场化的标准化管理体系的建设意义重大。笔者

---

① 蒋军锋,张玉韬,王修来.知识演变视角下技术创新网络研究进展与未来方向[J].科研管理,2010,31(3): 68-77,133.

从知识协同的角度,对我国以市场为主导制定标准的组织治理,提出以下建议。

一、构建市场、政府和企业共驱的发展模式

技术标准联盟本身就是一个开放的生态系统,联盟内部各成员主体之间丰富的异质资源对于联盟的发展起着重要作用。技术标准联盟作为标准化管理的顶层设计,对标准化组织的治理模式和治理体系都有着重要的影响,对标准化的工作的开展起到了决定性的作用,也是标准化组织实现良好的内部治理的前提和基础,更是内部组织之间实现协同的保障。

在联盟产生与建立的过程中,市场是联盟发展的主要驱动力量,为联盟发展提供源生动力,尤其是市场成熟发展过程中伴随着的产业集群的形成是技术标准联盟产生的首要原因,是联盟的主要知识提供者。政策是联盟发展的"领航人",为联盟发展把握方向,提供机制保障。标准联盟内部存在网络区分,核心企业位于网络结构的中心地位,对联盟发展的成败起着决定性作用,而外围企业主要是联盟标准的跟随者,其主要作用是扩大标准的用户安装基础,提升联盟影响力。核心企业与外围企业之间存在知识和资源互动,产生交互作用,见图 7-3。

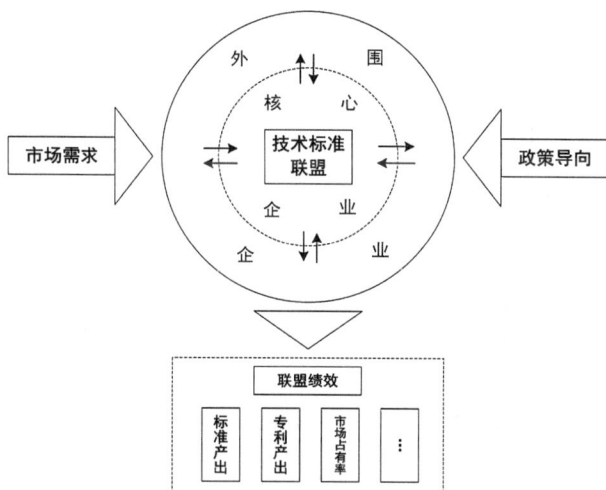

图 7-3　驱动技术标准联盟发展的模型①

① 资料来源:祝鑫梅,余晓,刘文婷,等.市场、政策和成员网络驱动技术标准联盟发展——浙江省泵阀联盟的实证[J].科技管理研究,2018,38(16):177-182.

1. 市场需求主导

市场需求是驱动技术标准联盟发展的根本动因，也是体现企业标准竞争力的重要途径。技术标准联盟在产业集群中孕育而生，随市场变化带来的需求变动而逐步发展。国内制造业的转型升级，市场对产品质量和标准的需求不断提高，行业内成员数量的增多，应对国际竞争的需要等市场因素，驱动着技术标准联盟的产生和发展。联盟带来的资源互通与制定和使用标准的便捷性，吸引了一大批制造企业自发组建联盟，这是行业发展到一定阶段的市场选择的结果。与此同时，企业技术标准化进程的信息交流不是单向的传递，而是需要符合市场发展的主流趋势和用户的使用需求；企业需要在获取消费者需求信息的基础上，分解、存储、合并、关联、集成、推理，进而形成对产品的设计。因此市场是技术标准联盟的外部知识获取的主要渠道，也是进一步实现联盟内部企业知识协同的先决条件。

2. 政府政策引导

政策引导加速了技术标准联盟的形成与发展。现阶段，中国的标准化管理依然是市场和政府的双重管理体系。国家进一步推进标准化工作的落实与发展，将团体标准的地位加以明确，并通过资源投入、配套落实，对技术标准联盟的发展起到了积极的推动作用。政府简政放权，产业结构优化升级，为技术标准联盟的发展起到了有力的助推作用。各地政府还在联盟的组建、联盟标准的制定、联盟标准上升到国际标准等方面给予不同程度的扶持和奖励，因此，政府在这个过程中充当"引路人"和"监管人"的角色，是技术标准联盟发展的重要推动力。尤其在我国标准化管理的现阶段，政府对于加强标准技术机构的建设以及标准的制定，还是起到了非常积极的引导作用。

3. 核心企业推动

企业成员的广泛参与并结成网络是技术标准联盟发展的基石。企业的积极参与，不仅能实现广泛的标准安装基础，扩大标准的实施效应，也是提升行业的技术发展水平进而反哺企业的良性循环实现的重要渠道。此外，网络内核心企业，由于其代表了行业的主流、先进技术水平，确保了标准的先进性，其所拥有的广泛资源也成为凝聚联盟各个参与企业的重要保障。核心企业自身的实力以及所拥有的资源决定了其在联盟内部的地位，同时它在标准化建设上的突出表现，为联盟和团体标准的制定提供了更多便捷；

首先,它将有利于联盟标准意识的建立,促进联盟成员间相互合作,推进联盟标准化工作开展及自主制定标准;其次,标准联盟核心企业在了解技术和市场信息的基础上,积极推动成员资源交流,发挥资源最大效用;最后,作为标准化良好企业的核心企业,可以使团体标准制定更为规范,容易获得外界支持,并且使标准产出更为高效。先进企业的标准化体系建设也在一定程度上起到了良好的行业示范效果。

二、深化标准制定组织的治理

在一个技术标准联盟中,既有知识的生产者、传递者,也有知识的消费者和分解者[①],因此,有效地对标准制定组织进行治理,建立良好的联盟关系,是构建健康的联盟知识生态系统的保障,也是组织有效实施知识协同的基础。

1. 提升机构内成员的关系质量

标准是经多方参与、协商一致后形成的知识产物,标准制定组织机构内部成员具备不同的行业背景,代表不同的利益相关方。就具体的目标和实践来说,不同成员之间、成员与组织之间难免存在一定的冲突和矛盾。标准制定组织内部是一个完整的体系结构,这意味着除了关注成员本身素质之外,还需要注重标准制定者之间的关系提升,方能实现组织或联盟内的整体知识协同效益。然而当前技术联盟的失败率高,联盟寻求长期发展往往面临由成员间关系不和造成的阻碍。机构内部成员的关系质量对于标准制定组织虽然至关重要,但往往容易被忽视。低质量水平的成员关系容易导致市场导向的标准制定组织的解散,浪费前期投入的物力人力财力,丧失后期的机会。

因此需要通过组织关系建设和管理,打造一个开放创新的标准制定机构,实现组织内部开展高效有序的技术标准制定和实施工作。确保组织内部的信息流通,使得组织内成员彼此熟悉,在文化、认知上快速建立相互认同,从而增强内部成员之间的信任度和依赖性,提升伙伴关系的强度和稳定性,打造高质量的成员关系水平,促使组织内部开展高效有序的技术标准制

---

① 姜红,吴玉浩,孙舒榆.技术标准联盟知识生态系统的演化与治理机制研究[J].情报杂志,2019,38(10):191-199.

定和实施工作。除此之外，还需要通过有效的管理机制设计，实现联盟或组织内部专利技术等资源的优化配置、产品和市场的互补、创新资源的整合与重构、标准研发周期的缩短。同时积极调动联盟中企业已有的知识资源，加强企业之间的相互学习，加快知识创新效率，培养企业的知识整合能力，实现联盟内部的知识协同。

2. 加强核心成员的能力建设

技术标准联盟等标准制定机构汇聚了多方力量和资源，各成员在标准制定组织中发挥的作用和地位也不尽相同，根据成员的话语权和企业规模等可将其分为核心成员和外围成员。核心成员处于联盟网络中的关键位置，是影响联盟整体网络良好运行的重要节点，这些企业积极参与联盟或组织的建设，实施技术标准化战略，自发参加标准创制工作，并能吸引优秀的合作伙伴加入，在把握标准制定的方向、协调成员间的关系中起到了至关重要的作用，因此，需要不断加强核心成员的能力建设。

核心成员与标准相关的能力包括研发能力、管理能力、应变能力等。研发能力是企业解决问题、开发新技术与新产品的能力。企业需要发挥其在联盟内的技术领先地位，带头进行技术突破，保持联盟的活力与先进性。在管理能力方面，核心成员一方面要对其内部进行有效管理，提升其网络管理能力，另一方面也要发挥其在联盟内的主体地位，与联盟成员进行合作管理，提升联盟的协同效益；同时，核心企业也要善于处理与联盟内其他企业的合作与竞争关系，以合作共担风险，以竞争提升自我。技术和产品的更新换代周期大大缩短，因此核心企业也应建立起柔性应变的动态能力，获得持续竞争优势。

核心成员的能力决定了联盟的整体水平，成员的能力不足会限制联盟的进一步发展。因此，标准制定组织应加大对核心成员的技术学习投资，扶持和培养核心成员的壮大，使得核心企业在联盟的探索式创新和技术标准研制上发挥更强劲的作用，同时带动外围成员的共同成长，最终实现协同性的联盟能力和市场优势的提升，加快联盟标准的扩散，提高标准相关产品的市场占有率。

三、推动标准制定过程中的产学研深度融合

新的技术发展场景要求企业不能再单一地依靠传统的技术发展模式，

而应该拓宽原有的技术基础,多领域地开展技术研发和知识探索,已有的很多研究也证明了技术的多元化战略与创新有着显著的相关关系。产学研的过程本身就是一个协同创新的过程。企业、高校和科研院所作为核心主体,政府、行业协会等作为辅助主体,以优势资源的传播、交流和共享为前提,实现知识和技术的突破。目前我国的技术标准联盟和团体标准制定组织在成员类型上,除了企业之外,科研院所和高校也占据了不少的比例,因此联盟内部的主体之间知识互补,对联盟协同创新效率的提升,进而提高标准实施绩效具有重要意义。

1. 营造产学研协同的外部环境

技术标准联盟的产学研协同作为一项知识生产活动,良好的外部创新环境是促进其顺利开展的必要条件,它包括了协调主体行为的实践系统、制度、规则等。营造良好的产学研协同外部环境,需要完善科技体制,完善标准制定的政策机制,在一系列科技计划、财税支持、创新环境及科技服务保障相关政策上加以落实。尤其需要在税收、投融资、知识产权保护、利益共享和责任分担等方面形成比较完整的政策法规体系,将关键技术领域的应用研究成果、产业共性技术突破、高质量标准制定等指标纳入高校和科研院所的考核、晋升、分配激励制度设计方面。将产学研技术的标准成果,在课题申报、成果奖评审等方面给予倾斜。

2. 推进标准制定主体的多元化

产学研协同的过程是知识的外溢、转移和创造的过程。外部性使得其他机构愿意通过支付成本或者学习模仿的手段来获取相关的知识或者技术,标准制定也不例外。技术标准联盟知识主体之间、知识主体和知识环境之间不断进行知识流动、知识循环进而形成了动态开放系统,由于标准的制定本身就是协商一致的结果,标准的实施又与消费者密切相关,因此,更需要有产业、高校、科研院所等多主体,代表不同的利益相关方的参与,只有这样,才能更好地体现标准的广泛性和协商一致的特征。

研究对浙江省团体标准数量及制定主体进行了分析(见表 7 - 3,图 7-4),数据显示,总体上,团体标准制定过程中,政产学研基本都保持了上升的趋势,尤其是政学两方的参与度持续增长。说明在标准化组织知识生态系统中,多元化的主体由于知识的多样性和复杂性,能更好地实现知识的创新。

表 7 - 3 2016—2019 年浙江省政产学研参与制定的团体标准数量

	政	产	学	研
2016	2	7	1	6
2017	61	276	20	107
2018	87	205	48	78
2019	278	1 000	253	472
总计	428	1 481	322	663

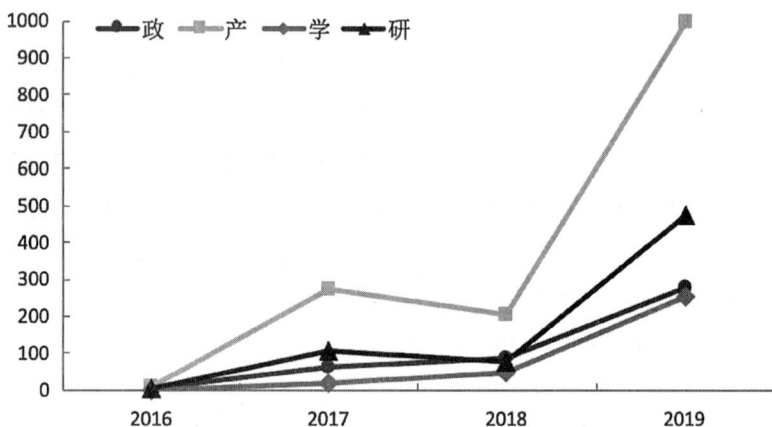

图 7 - 4 2016—2019 年浙江省政产学研参与制定的团体标准数量趋势图

因此，需要进一步倡导标准化技术委员会等相关标准制定组织的成员的多元化，建议成员中有企业、行业科研院所、各标准化中介服务机构、标准化研究机构、高等院校的代表，不断营造标准化事业产学研协同的外部环境。这其中，第一要明确产业的主体地位，产业在标准合作网络中始终具备着较高的权力，这符合标准市场化机制的市场特性；第二，产、学、研、政在标准制定中的资源和权力应具备一定的协同性，但政府和高校在标准合作网络中地位的上升可能会在一定程度上导致产研二者地位的下降，因此在团体和联盟标准化的过程中，在保证产业的主导地位的同时，政府的调配力度要随着标准化工作步入正轨而逐渐减弱；第三，应鼓励跨行业和跨属性的标准合作和互动，促进标准知识在网络内的广泛流通，从而调动社会团体参与团体与联盟标准制定的积极性。

3. 加强标准化科研机构建设

我国企业的技术和标准实力相对较弱,企业参与国际标准化工作的主体地位尚未形成,直接的结果是目前在参与国际标准化技术工作中,产学研成果的比例较高。截至 2017 年年底,我国在 ISO 主导发布的标准中 11.54% 是产学研的成果,在 IEC 主导发布的标准中,产学研的比例更是达到了 45%,多主体的协同参与,通过合作创新输出标准的成果,是现阶段的有效方式。科研机构因其自身的技术研发能力和标准制定能力存在优势,进而成为各个技术机构中的重要成员。

在当前我国标准化水平总体偏弱的情况下,不可否认,市场、政策以及机构对于标准化的发展都有着非常大的影响。在创新引领社会发展的今天,需要加强标准化科研机构建设作为标准制定的支撑,加速科研机构的改革,引领创新性科研发展建设。通过产学研和机构技术能力的互动,加强合作中所需要的知识吸收能力,缩短科研机构技术之间的差距。尤其是那些承担了国际标准化组织国内对口单位的科研院所,更要不断提升自身的标准化能力,培养懂专业、懂标准、懂政策的复合型人才,根据自身的资源状况选择合适的合作创新方式,实现标准知识的创新。

4. 提升高校参与标准化工作的热情

在标准制定的过程中,高校联合互动是推动标准化发展的重要手段。高等院校作为培养优秀人才,累积丰富知识的发源地,是解决技术问题、知识更新的重要一环。提升高校的参与度将大大提高标准制定的水平,加快标准制定的进程。从目前来看,高等工科院校已经在一定程度上参与了技术标准制定的工作,这主要归因于在自然科学的项目评审、结题中,高水平和高等级标准的制定是成果产出的重要指标,因此高校教师广泛地参与到各个标准化技术委员会或者行业团体协会、学会之中,但是和专利申请相比,标准制定的参与程度远远不及专利申请的参与程度,说明高校的教师更关注自身技术成果的保护,而对于标准在实现市场创新方面的作用没有较强的认识。此外,由于标准在社会治理中的作用机制被认识得时间较晚,因此在人文社科领域,高校参与管理标准制定并不广泛,标准的制定作为高校教师社会服务的重要工作之一还没有被广大教师所认识。

同时,标准化战略地位的重要性使标准化教育也受到了国际社会的广泛关注,高校已经成为标准化人才培养的主要力量。自 2010 年,教育部正式批准中国计量大学开设"标准化工程"本科专业,目前已经有近 10 所高校设立了相关专业。截至 2019 年年底,包括中国计量大学、青岛大学、广东理工学院等国内 7 所院校被教育部批准设立标准化工程的本科学位,另有多所院校顺应社会和产业的需求,已经或者正计划在相关的专业里渗透标准化的培养方向,培养各个领域的标准化人才,高等院校已经成为标准化学科建设和发展的主力军。

综上来说,需要进一步在科技政策制定中,体现标准的元素,重视对标准作用的宣传,鼓励高校的高层次人才加入国际标准制定组织的技术委员会,或成为专家和召集人,使其丰富的专业知识和实践成果得到充分的利用。在标准化教育方面,具备开展标准化教育基础和条件的高校要根据自身的发展历史、办学条件和已有的优势学科,凝练本校标准化学科的学科发展方向,同时鼓励已开展标准化教育的院校,成立标准化教育联盟,加强学校之间的协作,共同开发教材和案例、共享课程资源、加强对标准化教育的宣传,形成合力,从而打开我国标准化教育的新局面。

四、加强企业标准化能力

企业的标准化能力是企业通过标准获得效益的关键。在一个技术标准联盟中,联盟的企业尤其是主导标准制定的企业,一般都具有很强的技术主导能力和系统技术整合能力[1],这两种能力恰恰是企业标准化能力的重要组成部分,但无论是技术主导能力还是技术整合能力的获得和提升,都与联盟的知识协同水平密切相关。

1. 通过专利战略提升技术标准化能力

专利是技术成果的重要载体。一项技术标准的生命周期过程往往是以一项新的技术专利的研发和创新为起点。联盟内企业开展技术专利研发活动,对标准核心技术方向进行预测,能够提升技术标准的开发能力。联盟内技术专利的存在,既能够使联盟获得技术标准研发的战略先导优势,同时也为进一步的技术创新提供基础。

---

① 文金艳,曾德明.标准联盟组合配置与企业技术标准化能力[J].科学学研究,2019,37(7):1277 - 1285.

自愿性标准制定组织的成员在技术研发、产品生产、市场预测方面具有不同的优势,联盟内,构成技术标准的专利技术又掌握在不同的企业成员手中,阻碍了联盟技术标准化能力的提升。因此应构建专利协同运作机制,促进企业间的专利交叉许可,扩大联盟内专利技术的应用范围,增加企业间的项目合作,明确项目的目标和资源分配,方能降低交易成本和技术壁垒,加快组织内专利技术的创新。

联盟实施专利战略时,也应注意专利的保护,避免出现后续的侵权纠纷。应明确联盟内各方的利益、义务与风险分配,设计平等的、责权分明的契约条款;应建立监督检查机制,从源头上杜绝知识产权纠纷的出现;应对专利进行集中管理和合理分配,有利于专利资源的整合,提高联盟的风险应对能力,构建联盟内有序的竞争环境,进而促进联盟的开放式创新。通过企业和联盟成员之间的专利战略,构建技术标准联盟内部的专利协同创造机制、专利协同运作机制、专利协同保护机制、专利协同管理机制,从而实现联盟的技术标准化能力的提升。

在具体实践中,按照《中共中央国务院关于开展质量提升行动的指导意见》和《国家标准化体系建设发展规划(2016~2020年)》等文件要求,建议产业的优势企业积极申请或者联合申请国家技术标准创新基地,借助创新基地的内外部环境优势和政策优势,推动科技成果转化,提升标准技术水平,打造科技-标准-检测认证-产业互动支撑的全链条转化机制。

2. 促进知识共享,提高技术标准的扩散能力

和传统意义上的企业联盟相比,以技术标准或专利池为联盟基础的技术标准联盟,其核心资产往往具有非竞争性和非排他性等公共产品属性。所以,它的最终收益不单纯决定于企业自身付出的成本,它同时还会受到联盟中所有成员都有权共享的隐性技术或资产,也就是我们通常意义上所说的隐性知识的影响。最直接的结果是如果企业能够以联盟成员的身份从联盟的其他成员获得自己所需的隐性技术或资源,不仅能够使自身的收益增加,还能够使得整个联盟的收益增加。技术标准的生命价值体现在扩散和实施,企业要想在激烈的市场竞争中胜出,扩大市场占有率,需要提升其技术标准的扩散能力。知识共享是组织内部知识扩散和转移的一种有效机制。通过知识共享,原本的技术标准知识存量不仅没有减少,反而会通过沟通、学习等交互行为实现进一步增长。也就是说在联盟成员中,隐性知识在

彼此之间共享越充分,联盟和成员的收益增加就会越显著,技术标准的扩散和实施也会越有效。

联盟内的成员应促进相互之间的知识协作,加大技术标准知识在企业内部的扩散与应用;同时知识共享不应仅存在于内部成员层面,还应包括联盟之外的其他主客体。首先,联盟内的企业可以凭借其不同的供应链、客户关系网,通过标准宣传、标准培训等形式,进行联盟标准和联盟标准产品的推广。促使标准制定的各方以外的标准潜在使用者能尽快准确地了解标准,了解标准产品。那些纵向的技术标准联盟由于是由产业链中处于上下游的不同企业组成,更需要通过培训和技术交流等方式,加深对标准的理解,并进而在下游的产品设计中加以考虑。而横向的技术标准联盟由于是由相同或者类似产品的生产企业组成,要通过技术资源、技术诀窍的共享,推进标准的更新。其次,联盟也应加强与其他标准制定组织的知识和信息共享,加强联盟促进联盟间的标准互认,增加和扩大网络化学习的宽度和范围,通过技术的传播,加快市场的成熟。

3. 完善企业和联盟的知识管理的激励机制

从企业的角度,搭建知识储备、输出、创新的有效循环机制,以企业长期发展为目标,让知识管理最大限度地在企业经营中发挥作用,使企业的效益最大化。在全公司范围内,普及知识传播理念,建立公司知识库,激励员工分享知识,并对分享者给予相应程度的奖励,尤其需将一些在短时间内无法转变成专利等显性知识的默会知识——比如工装夹具、技术诀窍等的共享和传播作为重点,加以推广和奖励。

从联盟的角度来看,由于知识资源的无形性和特殊性,联盟内成员之间的和成员与联盟之间的利益冲突,以及知识管理活动本身存在的高度不确定性,需要设置合理的激励机制,实现资源的优化配置,使得个体利益与组织目标相统一,从而提升企业参与知识管理的积极性,指引企业的工作方向,共同实现组织和成员的最终目标,达到双赢效果。首先,应根据成员在联盟知识管理活动中的作用和贡献,合理配置决策权和知识管理收益分配权,并在联盟章程和机构设置上体现和保障联盟成员的合法权益。对联盟贡献越大,拥有的决策权力越大。其次,应建立相应的知识创新激励机制、知识竞争激励机制、知识扩散激励机制等,设置合理的组织目标,在公平协商原则的基础上,通过非物质激励和物质激励来促进企业进行知识创新和知识协同。再者,落实到标准领域,对于参与标准起草、提供主要技术或者检测设备、对标准的完善提出过实质性意见的单位或者个人都应该出现在起草单位的名单之中,表示对其知识贡献的尊重和认可。

附录
调查问卷

《技术标准联盟的知识协同对标准实施效益的关系》调查问卷

尊敬的先生/女士：

您好！

首先感谢您在百忙之中抽时间完成这份问卷。这是一份学术性调查问卷。本研究旨在了解技术标准联盟的知识协同与标准实施效益的情况。问卷总共分为四部分，每个题项的备选项无优劣之分，请您仔细阅读完题后，根据自身情况客观、真实地勾选答案。本问卷为匿名调查，调查结果将只用于学术研究，我们将会对您所提供的结果保密。

再次对您的支持与信任致以衷心的感谢！

第一部分：基本信息

本部分旨在了解您的基本信息，请您如实填写。我们承诺对您的基本信息进行保密。谢谢您的配合！

1. 贵单位所处行业：＿＿＿＿＿＿＿＿＿＿＿＿＿＿＿＿＿＿＿

1. 金属冶炼、压延、金属制品业	9. 文教、工美、体育和娱乐用品制造业
2. 纺织、纺织服装、服饰业	10. 化学原料及化学制品制造业
3. 家具制造业	11. 化学纤维制造业
4. 造纸及纸制品业	12. 橡胶和塑料制品业
5. 仪器仪表制造业	13. 通用设备制造业
6. 医药制造业	14. 专用设备制造业
7. 皮革、毛皮、羽毛及其制品和制鞋业	15. 汽车制造业
8. 食品、饮料、农副品加工制造业	16. 电气机械和器材制造业

(续表)

17. 铁路、船舶、航空航天和其他运输设备制造业	20. 其他制造业
18. 木材加工及木、竹、藤、棕、草制品业	21. 信息传输、软件和信息技术服务业
19. 计算机、通信和其他电子设备制造业	22. 其他服务业

2. 贵单位所在的技术标准联盟名称：＿＿＿＿＿＿＿＿＿

3. 贵单位所在的技术标准联盟的成立时间：

A. 1 年以下　　　　　B. 1～3 年(含 3 年)　　　　C. 3～5 年(含 5 年)

D. 5～8 年(含 8 年)　　E. 8～10 年(含 10 年)　　F. 10 年以上

4. 贵单位加入该技术标准联盟的时间：

A. 1 年以下　　　　　B. 1～3 年(含 3 年)　　　　C. 3～5 年(含 5 年)

D. 5～8 年(含 8 年)　　E. 8～10 年(含 10 年)　　F. 10 年以上

5. 您在贵单位所从事的工作类型：

A. 研发工作　　　　　B. 生产加工工作　　　　C. 管理工作

D. 市场类工作　　　　E. 其他

6. 您在贵单位的职位：

A. 高层管理者　　　　B. 中层管理者　　　　C. 基层管理者

D. 普通员工　　　　　E. 其他

第二部分：知识协同

本部分旨在对技术标准联盟的知识协同进行测量(以下所指的技术标准联盟均为贵单位所在的技术标准联盟)，采用五级打分制，分值1～5，分别表示题项中所描述的内容与您实际情况的符合程度。问卷无对错之分，请您认真作答，在与您自身情况最相符的选项前打"√"。谢谢您的配合！

1非常不符合　2不符合　3基本符合　4较符合　5表示非常符合
A. 知识吸收
1. 技术标准联盟监测和获取外部技术、市场、管理、制造等信息的人员和制度较完善　　　　1　2　3　4　5
2. 技术标准联盟能够及时捕获外部信息　　　　1　2　3　4　5

（续表）

1 非常不符合　2 不符合　3 基本符合　4 较符合　5 表示非常符合

3. 技术标准联盟能够迅速定位和识别对自身有价值的外部信息　1　2　3　4　5

4. 技术标准联盟能够将外部知识以便于本企业理解的方式做出解释　1　2　3　4　5

5. 技术标准联盟对联盟成员从外部获取信息实行激励机制　1　2　3　4　5

B. 知识转移

6. 技术标准联盟内部经常采用书面文件或电子文档交互信息　1　2　3　4　5

7. 技术标准联盟内部经常通过信息系统或网络知识交互信息　1　2　3　4　5

8. 技术标准联盟经常组织联盟成员访谈交流　1　2　3　4　5

9. 技术标准联盟经常组织联盟成员互相观摩和考察　1　2　3　4　5

10. 技术标准联盟经常组织联盟成员培训和学习　1　2　3　4　5

11. 技术标准联盟能够准确快速地理解和掌握获取的新知识　1　2　3　4　5

C. 知识整合

12. 技术标准联盟能够对获取的新知识进行定期整理　1　2　3　4　5

13. 技术标准联盟能够根据实际情况对获取的新知识进行适应性改进　1　2　3　4　5

14. 技术标准联盟能够利用获取的新知识对联盟内部组织结构和运营流程进行调整　1　2　3　4　5

15. 技术标准联盟能够利用获取的新知识调整联盟外部关系网络　1　2　3　4　5

D. 知识运用

16. 技术标准联盟能够利用整合后的新知识,开发新产品或服务　1　2　3　4　5

17. 技术标准联盟能够明显提升规避错误的能力　1　2　3　4　5

18. 技术标准联盟,在面临问题时,能迅速利用新知识对接知识源　1　2　3　4　5

E. 知识创新

19. 技术标准联盟拥有较多的发明专利　1　2　3　4　5

20. 技术标准联盟每年新申请的专利数目较多　1　2　3　4　5

21. 技术标准联盟内成员的新产品或新服务(含改进产品或服务)的开发速度较快　1　2　3　4　5

22. 技术标准联盟内成员的新产品或新服务的开发成功率非常高　1　2　3　4　5

23. 技术标准联盟为了创新,鼓励新想法的开发,奖励创新行为　1　2　3　4　5

第三部分：战略柔性

本部分旨在对技术标准联盟内的战略柔性进行测量（以下所指的技术标准联盟均为贵单位所在的技术标准联盟），采用五级打分制，分值1～5，分别表示题项中所描述的内容与您实际情况的符合程度。问卷无对错之分，请您认真作答，在与您自身情况最相符的选项前打"√"。谢谢您的配合！

1非常不符合　2不符合　3基本符合　4较符合　5表示非常符合

A. 资源柔性

24. 技术标准联盟利用同一种资源，用于开发、生产、销售不同产品或服务的程度很高　　　1 2 3 4 5

25. 技术标准联盟获取新资源的成本很低　　　1 2 3 4 5

26. 技术标准联盟能够迅速重新配置已有资源　　　1 2 3 4 5

B. 能力柔性

27. 技术标准联盟在不断变化的环境中能够较好地适应环境变化　　　1 2 3 4 5

28. 技术标准联盟在不断变化的环境中能够较好地利用环境变化　　　1 2 3 4 5

29. 技术标准联盟在不断变化的环境中能够主动制造变化从而把握先机　　　1 2 3 4 5

第四部分：标准实施效益

本部分旨在对技术标准联盟内的企业在实施联盟标准（团体标准）的效果进行评价，采用五级打分制，分值1～5，分别表示题项中所描述的内容与您实际情况的符合程度。问卷无对错之分，请您认真作答，在与您自身情况最相符的选项前打"√"。谢谢您的配合！

1非常不符合　2不符合　3基本符合　4较符合　5表示非常符合

A. 标准实施效果（联盟标准的实施对企业的影响）

30. 联盟标准实施后有效提升了管理效率　　　1 2 3 4 5

31. 联盟标准的实施对产品研发（开发）有积极作用　　　1 2 3 4 5

32. 联盟标准的实施对采购有积极作用　　　1 2 3 4 5

（续表）

1非常不符合　2不符合　3基本符合　4较符合　5表示非常符合					
33. 联盟标准实施后对生产(运营)有积极作用	1	2	3	4	5
34. 联盟标准实施后对内部(外部)物流有积极作用	1	2	3	4	5
35. 联盟标准实施后对营销和销售有积极作用	1	2	3	4	5
36. 联盟标准实施后对服务(面向客户)有积极作用	1	2	3	4	5

结束语：

问卷到此结束，再次感谢您的参与！

参考文献

［1］德鲁克.知识管理［M］.易凌峰,译.北京：中国人民大学出版社,2000：
    42-78.

［2］方放,王道平,曾德明.技术标准联盟提升高技术企业动态能力的路径
    研究［J］.现代财经(天津财经大学学报),2006(10)：7-10,19.

［3］方放,吴慧霞.团体标准设定的公共治理模式研究［J］.中国软科学,2017
    (2)：66-75.

［4］傅利平,张出兰.基于企业技术能力及知识演化的技术引进消化吸收再
    创新过程机理研究［J］.现代管理科学,2009(5)：32-34.

［5］高章存,汤书昆.企业知识创造机理的认知心理学新探［J］.管理学报,
    2010,7(1)：28-33.

［6］龚艳萍,董媛.技术标准联盟生命周期中的伙伴选择［J］.科技进步与对
    策,2010,27(16)：13-16.

［7］姜红,吴玉浩,孙舒榆.技术标准联盟知识生态系统的演化与治理机制
    研究［J］.情报杂志,2019,38(10)：191-199.

［8］蒋军锋,张玉韬,王修来.知识演变视角下技术创新网络研究进展与未
    来方向［J］.科研管理,2010,31(3)：68-77,133.

［9］布林德.标准经济学：理论、证据与政策［M］.高鹤译.北京：中国标准出
    版社,2006：45-66.

［10］李涛.协同创新过程中多阶段竞争与合作的共生演化研究［J］.技术经济
    与管理研究,2015(6)：18-22.

［11］李薇,李天赋.国内技术标准联盟组织模式研究——从政府介入视角
    ［J］.科技进步与对策,2013,30(8)：25-31.

[12] 李薇.技术标准联盟的本质：基于对 R&D 联盟和专利联盟的辨析[J].科研管理,2014,35(10)：49-56.

[13] 龙剑友,张琰飞.技术标准联盟——信息产业发展的新趋势[J].财经理论与实践,2009,30(5)：110-112.

[14] 卢艳秋,郭美轩,周莹莹.跨国技术联盟知识整合对合作创新绩效的影响分析[J].社会科学战线,2014(5)：260-262.

[15] 波特.竞争战略[M].陈小悦,译.北京：华夏出版社,2003：31-38.

[16] 戚彬芳,宋明顺,方兴华,等.ISO 标准经济效益评估方法的实证研究[J].标准科学,2012(11)：11-15.

[17] 史丽萍,唐书林.基于玻尔原子模型的知识创新新解[J].科学学研究,2011,29(12)：1797-1806,1853.

[18] 罗宾斯,库尔特.管理学[M].李原,等,译.北京：中国人民大学出版社,2012：102-120.

[19] 宋敏,于欣丽,卢丽丽.基于 DEA 方法的企业标准化效益评价[J].中国标准化,2003(10)：56-58,70.

[20] 孙彪,刘玉,刘益.不确定性、知识整合机制与创新绩效的关系研究——基于技术创新联盟的特定情境[J].科学学与科学技术管理,2012,33(1)：51-59.

[21] 汪忠,黄瑞华.合作创新企业间技术知识转移中知识破损问题研究[J].科研管理,2006(2)：95-101.

[22] 王道平,邓颖,张志东等.高技术企业技术标准联盟稳定性控制研究[J].科技进步与对策,2014,31(14)：75-80.

[23] 王道平,韦小彦,方放.基于技术标准特征的标准研发联盟合作伙伴选择研究[J].科研管理,2015,36(1)：81-89.

[24] 王连娟,张跃先,张翼.知识管理[M].北京：人民邮电出版社,2016：78-97.

[25] 王珊珊,王宏起,李力.技术标准联盟的专利价值评估体系与专利筛选规则[J].科技与管理,2015,17(1)：1-5.

[26] 文金艳,曾德明.标准联盟组合配置与企业技术标准化能力[J].科学学研究,2019,37(7)：1277-1285.

[27] 吴海英.标准化的经济效益评价[J].统计与决策,2005(13)：31-31.

［28］邢以群.管理学［M］.杭州：浙江大学出版社,2012：180－194.

［29］严清清,胡建绩.技术标准联盟及其支撑理论研究［J］.研究与发展管理,
2007(1)：100－104.

［30］杨皎平,李庆满,张恒俊.关系强度、知识转移和知识整合对技术标准联
盟合作绩效的影响［J］.标准科学,2013,5(5)：44－48.

［31］曾德明,方放,王道平.技术标准联盟的构建动因及模式研究［J］.科学管
理研究,2007,25(1)：37－40.

［32］曾德明,文小科,陈强.基于知识协同的供应链企业知识存量增长机理
研究［J］.中国科技论坛,2010,2(2)：77－81.

［33］张光磊,刘善仕,彭娟.组织结构、知识吸收能力与研发团队创新绩效：
一个跨层次的检验［J］.研究与发展管理,2012,24(2)：19－27.

［34］张红兵.技术联盟知识转移有效性的差异来源研究——组织间学习和
战略柔性的视角［J］.科学学研究,2013,31(11)：1687－1696,1707.

［35］郑素丽,章威,吴晓波.基于知识的动态能力：理论与实证［J］.科学学研
究,2010,28(3)：405－411.

［36］周青,韩文慧,杜伟锦.技术标准联盟伙伴关系与联盟绩效的关联研究
［J］.科研管理,2015,32(8)：1－8.

［37］祝鑫梅,余晓,刘文婷,周立军.市场、政策和成员网络驱动技术标准联
盟发展——浙江省泵阀联盟的实证［J］.科技管理研究,2018,38(16)：
177－182.

［38］AAKER D A. Measuring the information content of television
advertising［J］. Current Issues & Research in Advertising, 1984,
7(1)：93－108.

［39］ABBOTT A, BANERJI K. Strategic flexibility and firm
performance：The case of US based transnational corporations［J］.
Global Journal of Flexible Systems Management, 2003, 4(1)：1－8.

［40］ABSAI N, AZAD N, HAFASHJANI K. Information systems
success：The quest for the dependent variable［J］. Uncertain Supply
Chain Management, 2015, 3(2)：181－188.

［41］DAFT R L, MACINTOSH N B. A tentative exploration into the
amount and equivocate of information processing in organizational

work units [J]. Administrative Science Quarterly, 1981, 26（4）:
207 - 224.

[42] ELENA K, RÉBECCA D. Using an ontology for modeling decision-,
making knowledge[J]. KES, 2012: 1553 - 1562.

[43] KANG J, RHEE M, KANG K H. Revisiting knowledge transfer:
Effects of knowledge characteristics on organizational effort for
knowledge transfer [J]. Expert Systems with Applications, 2010,
37(12): 8155 - 8160.

[44] KRAATZ S M, ZAJAC J E. How organizational resources affect
strategic change and performance in turbulent environments: Theory
and evidence[J]. Organization Science, 2011(5): 63 - 65.

[45] LANE P J, SALK J E. Absorptive capacity, learning, and
performance in international joint ventures[J]. Strategic Management
Journal, 2001, 22(12): 1139 - 1161.

[46] LEVINSON N S. Innovation in cross-national alliance ecosystems[J].
International Journal of Entrepreneurship and Innovation
Management, 2010, 11(3): 258 - 263.

[47] LI L, SUN L, WANG J. Multi-source knowledge acquisition model
based on rough set [J]. Information Technology Journal, 2014,
13(7): 1386.

[48] MACHER J, MOWERY D. Measuring dynamic capabilities:
Practices and performance in semiconductor manufacturing[J]. British
Journal of Management, 2009(3): 41 - 62.

[49] MOLINA M F X, GARCIA V P M, PARRA R G. Geographical and
cognitive proximity effects on innovation performance in SMEs: A way
through knowledge acquisition [J]. International Entrepreneurship and
Management Journal, 2014, 10(2): 231 - 251.

[50] NELSON R, WINTER S. An evolutionary theory of economic change
[M]. Cambridge: Harvard university Press, 1982: 34 - 45.

[51] NIELSEN B B, NIELSEN S. Learning and innovation in international
strategic alliances: An empirical test of the role of trust and tacitness

[J]. Emerald Management Reviews, 2009, 46(6): 1031 - 1056.

[52] OERLEMANS L A G, KNOBEN J, PRETORIUS M W. Alliance portfolio, Diversity, radical and incremental innovation: The moderating role of technology management[J]. Technovation, 2013, 33(6): 234 - 246.

[53] PENROSE E. The theory of the growth of the firm[M]. Oxford: Oxford University Press, 1959: 12 - 31.

[54] POLYANI M. The tacitdimension[M]. London: Routledgeand Kegan Paul, 1966: 54 - 62.

[55] TAMER CAVUSGIL S, CALANTONE R J, ZHAO Y. Tacit knowledge transfer and firm innovation capability[J]. Journal of Business & Industrial Marketing, 2003, 18(1): 6 - 21.

[56] TANG T W, WANG C H, TANG Y Y. Developing Service Innovation Capability in the Hotel Industry[J]. Service Business, 2015, 9(1): 1 - 17.

[57] TSAI K, LIAO Y, HSU T T. Does the use of knowledge integration mechanisms enhance product innovativeness? [J]. Industrial Marketing Management, 2015, 46(6): 214 - 223.

[58] TSAI, WENPIN. Social structure of coopetition within a multiunit organization: Coordination, competition, and intraorganizational knowledge sharing[J]. Organization Science, 2002, 13(2): 179 - 190.

[59] TURBAN E. Expert system sand applied artificial intelligence[M]. New York: Macmillan, 1992: 102 - 112.

[60] WIIG K M. Knowledge Management Foundation[M]. New York: Schema Press, 1993: 23 - 34.

[61] YANG J, CHEN Q. Evolution and evaluation in knowledge fusion system [M]. Artificial Intelligence and Knowledge Engineering Applications: A Bioinspired Approach. Springer Berlin Heidelberg, 2005: 134 - 137.

索 引

（以拼音为序）

强制性标准　131—133,135,174

区域品牌　163,164,166

R

R&D联盟　7,8

S

SECI模型　29,32,33,50

《深化标准化工作改革方案》　2,176

市场化　2—4,7,10,18,19,21,23,54,
129,133,136,172,178,184

市场认证　163,164

市场主导型　129—132

实施效益　2—4,14,16,20,21,23,37,
38,46,57,60,61,63,65,67—69,72,75,
77,78,82,83,85,88,91,102,103,105,
107,109—114,116—126

T

TD - SCDMA产业联盟　178

团体标准　2—4,20,21,130,136,138,
163, 165, 174, 176 — 178, 180, 181,
183,184

《团体标准管理规定》　177

推荐性标准　174

W

WAPI产业联盟　178

网络研讨会　147,149

完全市场型　21, 126, 136, 137, 150,
171—173

X

显性知识　29,30,32—38,50,54,71,188

协商一致　3, 34, 35, 130, 131, 146,
181,183

协同效应　2,11,12,26,38,41,128

协同学　38—41,43,46

序参量　39,41

Y

英国标准学会　19,132

隐性知识　9,12,20,29,31—34,36—38,
50, 51, 54, 61, 63, 64, 71, 127, 165,
167,187

有序度　39,41

运作机制　4,9,172,187

Z

资源配置　2, 69, 122, 123, 163, 164,
171,174

自愿性标准　19,130—135,137,176

自适应性　40

自调整性　40

战略联盟　3,5,7—9,18,23,24,26,47,
48,50,61,175

战略柔性　20,21,46,50,55,56,69—75,
81, 83, 92, 95, 97, 99, 100, 112, 117,
122—125

浙江省品牌建设联合会　21,126,137,
138,163,172

浙江制造　138,163—170

《"浙江制造"品牌建设三年行动计划
（2016～2018年)》　164,166

政府主导型　129,133—135,177

支配原理　39—41

知识　1—9,11—15,18—21,25—38,
40—55,61—74,78—81,121—128,
139,141—150,152—162,165—171,
173,175,178—189

知识创新　2,11—14,21,31,32,38,40—
45,51,53—55,68,69,71,72,80,81,88,
91,100—102,110,111,117—120,122—
125,127,128,142,144—147,149,153,
154,161,162,165—168,170,172,178,
182,188

知识存量　2,3,13,14,16,36,37,54,62,
64,71,121,144,170,171,187

知识管理　1—4,11,12,14,18,21,27,